中华十大家训

陈延斌 主编

[卷二]

教育科学出版社
·北京·

目录

[卷二]

《中华十大家训》

袁氏世范

卷二

袁氏世范

中华十大家训

世範

《袁氏世范》书影

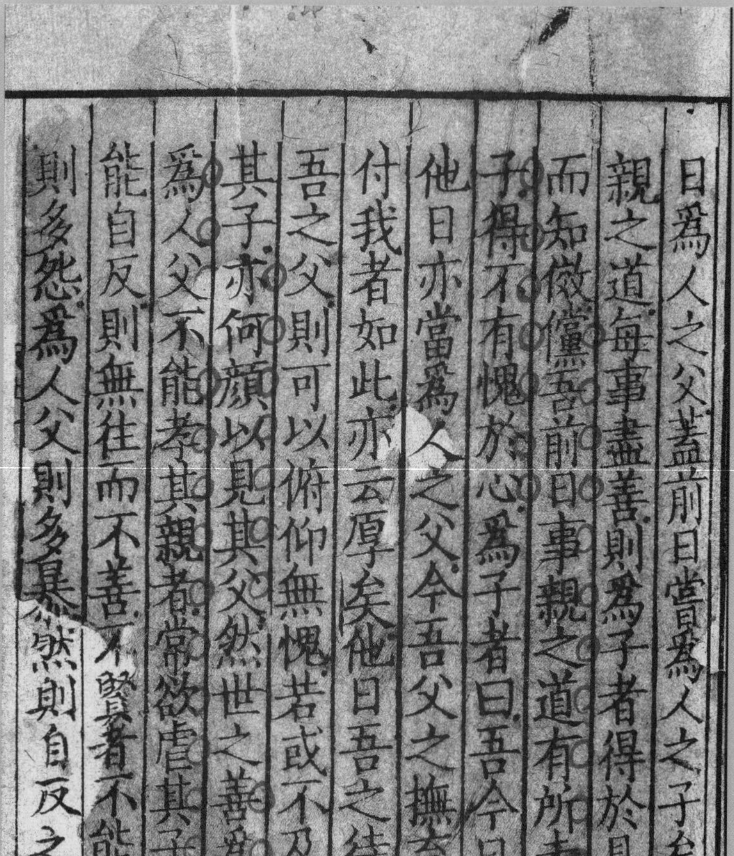

曰爲人之父蓋前日嘗爲人之子矣凡吾前日事親之道每事盡善則爲子者得於見聞不待教詔而知傚儻吾前日事親之道有所未善將以責其子得不有愧於心爲子者曰吾今日爲人之子則他日亦當爲人之父今吾父之撫育我者如此畀付我者如此亦云厚矣他日吾之待其子不異於吾之父則可以俯仰無愧若或不及非惟有負於其子亦何顔以見其父然世之善爲人子者常善爲人父不能孝其親者常欲虐其子此無他賢者能自反則無往而不善不賢者不能自反為人子則多怨爲人父則多暴然則自反之説惟賢者可

〔宋〕——袁采

袁采（生卒年不详），字君载。南宋衢州信安人。宋孝宗进士。曾任乐清县令，后官至监登闻鼓院，掌管军民上书鸣冤等事宜。自幼受儒家思想影响，品学兼优，秉性刚正，为官廉明，颇有政声。

宋代以前的家训，虽数量不少，但大多意求“典正”，不以“流俗”为然。而袁采的《袁氏世范》，却一反前人，立意“训俗”，旨在“砥砺末俗”，以期世之“中人以下”者能“息争、省刑，俗还醇厚”。因此，他把“田夫野老幽闺妇女”作为对象，细心启诱，反复训诫。书成之后，取名为《俗训》，明确表达了该书“厚人伦而美习俗”的宗旨。

《袁氏世范》著于宋孝宗淳熙戊戌年(1178年)，刊行时，袁采请他的同窗好友、权通判隆兴军府事刘镇为自己的家训作序。刘镇在序中谈到袁采的这部书，评价说“其言精确而详尽，其意则敦厚而委屈，习而行之，诚可以为孝悌，为忠恕，为善良而有士君子之行矣”（刘镇，《袁氏世范序》，《丛书集成初编》第974册，中华书局1985年版）。刘镇认为，这部家训不仅可以施之于袁采当时任职的乐清一县，而且可以“远诸四海”；不仅可以行之一时，而且可以“垂诸后世”，“兼善天下”，成为“世之范模”。于是，刘镇建议袁采将书名改为《世范》。袁采谦虚，认为言过其实，但最终还是同意更名。因为此书是袁采所作，后世又称《袁氏世范》。

从北齐颜之推的《颜氏家训》到宋明时期最受世人称道的众多家训名篇中，毫无疑问，应该包括这部《袁氏世范》。《四库全书》

的编校者在该书的《提要》中，对其给予了高度评价，称其为“《颜氏家训》之亚”。今天看来，其家教思想仍然有诸多可供参考、借鉴的价值。

当然，袁采作为封建地主阶级的官僚、士大夫，所论睦亲、处己、治家之道，不可能不打上时代的烙印，因而，《袁氏世范》作为封建家训，不免有其糟粕陈言应该抛弃。这些缺陷和糟粕主要表现在以下几个方面。

首先，富贵命定的人生观。袁采认为“富贵自有定分”，“死生贫富，生来注定”，都是造物主的安排。世事的变迁，家族的成败兴衰都由“天理”决定，“人力不能胜天”，所以人应当顺应天命，随遇而安，逆来顺受。

其次，因果报应的轮回说。袁采宣扬善恶报应的观点，认为善有善报，恶有恶报，“不在其身，则在其子孙”。虽然这是唯心主义的观点，但从劝人向善、增善少恶的目的看，也是可以理解的，不能完全当糟粕来看。而且，尽管袁采是个有神论者，但他同时也认为，如果人做了坏事而祈求神灵的庇佑，照样会受到神的惩罚。这一观点虽然同样唯心，但其劝善的愿望却是好的。

再次，鄙视奴婢下人的等级观。袁采毕竟是地主阶级的官吏，他的家训中尽管要求对仆人多加关心，但始终认为他们是愚笨的下等人。他说“奴仆、小人就役于人者，天资多愚，作事乖舛背违”，他们“性多忘”“性多很”，因而不能委以重任。他要求对待奴仆“当使饱暖”，说到底还是为了“此辈既得温饱，虽苦役之，彼亦甘心”的自家利益；他要求不可鞭挞奴仆，也不过是怕出意外。尽管如此，比起那些不将下人当人看的地主土豪来，袁采这样做算是比较开明和人道的。

《袁氏世范》共三篇，分作《睦亲》《处己》《治家》，对于立身、处世、持家之道论述极为详尽，其见解明白切要，言辞恳切笃诚。

睦亲

《睦亲》篇，共60则。主要论述家庭生活中父子兄弟族属应该怎样和睦相处，内容涉及父慈子孝、教子立业、夫贤妇顺、析分家产、饮食衣服、均富济贫、立嗣养子、鳏寡再婚、男女重轻、议亲嫁娶、赡养葬祭、主婢贤愚、家务料理等诸多方面。

在阐述家庭成员之间和睦之道时，袁采不是说教式地提出一些条文要求，而是从分析人的不同性格、性情入手，深入剖析造成家庭失和的原因。他认为只有弄清症结所在，才能从根本上解决家庭不睦。按他的解释，即使同从一个家庭的成员，其“人性”也是不同的，“或宽缓、或褊急、或刚暴、或柔懦、或严重、或轻薄、或持检、或放纵、或喜闲静、或喜纷挐，或所见者小，或所见者大”。既然人的禀性有如此差异，做父亲的却硬要儿子的禀性适合自己，做兄长的却硬要弟弟的禀性适合自己，那么对方就未必心甘情愿。这样“其性不可得而合，则其言行亦不可得而合，此父子兄弟不和之根源也”。况且临事之际，有的认为是，有的认为非，有的认为应该先做，有的认为应该后做……这样每个人各持己见，都想让对方服从自己，必然会发生争执。一次次争执的结果，就会使彼此不睦甚至“终身失欢”。

如何解决这导致家人不和的根本问题呢？袁采给出了解决方法。一是性不可以强合。为父兄或为子弟者，居家之道应该是尊重对方的人格和禀性，而不是强求对方“同于己”“惟己之听”；二是善于反思自己。袁采认为为父者和为子者如果都能站在对方的立场上考虑问题、处理双方的关系，待人如己，这样的家庭便没有不睦之理；三是处家贵宽容忍让。袁采认为，自古以来，人们的道德水平本来就有高低之分，家庭成员之间也是如此。这就要求父子、兄弟、夫妇“宽怀处之”，互相忍让。

袁采在《睦亲》篇中还提出了许多调适家人关系的行为准则。例如，在父母与子弟的关系上，他提出必须坚持两个基本原则：一是父慈子孝；二是父母爱子“贵均”。这两个方面，前人的家训中虽然也曾论及，但袁采的道理讲得更加细致周到、入情入理。他指出：“为人父者，能以他人之不肖子喻己子，为人子者，能以他人之不贤父喻己父，则父慈而子愈孝，子孝而父益慈”，这样，就“无偏胜之患也”。在父母对子女的憎爱方面，袁采结合自己的经验体会，加上对当时社会民风的观察，作了十分精辟的论述。他说，做父母的往往偏爱幼小的子女，特别关心怜恤子女中的贫穷者；而做祖父母的则不同，他们偏爱的往往是长孙。这固然是人之常情，但弄不好就会成为兄弟不和的原因。故而做长辈的应该对子弟一视同仁，不可偏憎偏爱，否则“衣服饮食，言语动静，必厚于所爱而薄于所憎。见爱者意气日横，见憎者心不能平，积久之后，遂成深仇。所以爱之适所以害之也”。因此，做父母的应该“均其所爱”。不仅如此，为人父母者还要避免对子弟的“曲爱”“妄憎”这两种错误倾向；要注意教子宜早、宜正，要“子幼必待以平，子壮无薄其爱”。只有这样处理父子关系，家庭才能和睦。

在协调其他家庭成员之间的关系上，《睦亲》篇也提出了不少准则。例如，分配财物要公平，不必斤斤计较；兄弟子侄同居要“长幼贵和”“相处贵宽”“各怀公心”，不能私藏金宝，不可听背后之言；对亲戚故旧贫穷者要随力周济，收养年老而子孙不孝的亲戚，当虑后患；对孤儿寡母要体恤照顾；因亲结亲，尤当尽礼；收养义子，应当避免争端；父祖年高须早立公平遗嘱，以免家人争讼……

原文

人之至亲，莫过于父子兄弟。而父子兄弟有不和者，父子或因于责善（劝勉从善，求全责备），兄弟或因于争财。有不因责善、争财而不和者，世人见其不和，或就其中分别是非而莫名其由。盖人之性，或宽缓，或褊急（气量狭隘，性情急躁。褊 biǎn），或刚暴，或柔懦（柔弱怯懦），或严重（严肃持重），或轻薄，或持检，或放纵，或喜闲静，或喜纷拏（混乱，错杂。拏 ná），或所见者小，或所见者大，所禀（禀性，气质）自是不同。父必欲子之性合于己，子之性未必然；兄必欲弟之性合于己，弟之性未必然。其性不可得而合，则其言行亦不可得而合，此父子兄弟不和之根源也。况凡临事之

导读

人与人之间关系最亲的莫过于父子和兄弟。然而，父子与兄弟也有相处不和睦的。父子之间或者因为父亲对孩子要求太严、太苛刻，兄弟之间或者因为相互争夺家庭财产。也有的父子、兄弟之间并非因为要求太严、争夺财产而不和睦，人们想弄清其中不和的原因，但最终仍找不到恰当的理由。大概人的性情，有的宽容舒缓，有的狭隘急躁，有的倔强粗暴，有的柔弱怯懦，有的严肃持重，有的举止轻薄，有的克制检点，有的行为放纵，有的喜欢闲静，有的喜欢热闹，有的见识短浅，有的见识广博，各自的禀性气质本有不同。父亲如果一定要求孩子合于自己的脾性，而孩子脾性未必如此；哥哥如果一定要求弟弟合于自己的性情，而弟弟性情也未必如此。性情合不来，他们的言语与行动也就不可能合得来。这就是父子、兄弟不和睦的根本原因。何况大凡面

临同一件事情时，一个认为对，一个认为错；一个认为应当先做，一个认为应当后做；一个认为应该抓紧做，一个认为放放也没有关系；观点差别之大竟然如此。如果彼此都想要对方在各方面与自己相同，必然会导致争论。争论不休不分胜负，以至于三番五次、十次八次地吵，那么双方的矛盾自此产生，有的甚至一辈子都不和睦。如果人们都能领悟这个道理，做父亲、兄长的对子女、弟弟通情达理，不苛刻要求他们按照自己的意见做；做子女和弟弟的，恭敬地顺承父亲和兄长，而不期望他们唯自己的意见是听，那么在处理事情的时候，必定相互协商，避免不正常争论的祸患。孔子说：“对待父母（如果他们有不对的地方），婉言劝谏，看到自己的意见不被采纳，仍然恭恭敬敬，不违抗父母，为他们操劳做事时仍然不加抱怨。”这就是圣人教给人们家庭和睦最重要的方法，我们应该认真地思考。

际，一以为是，一以为非；一以为当先，一以为当后；一以为宜急，一以为宜缓；其不齐如此。若互欲希望，想要同于己，必致于争论。争论不胜，至于再三，至于十数，则不和之情，自兹此而启开始，或至于终身失欢。若悉全，都悟此理，为父兄者，通情于子弟，而不责子弟之同于己；为子弟者，仰承敬受，承受。多用于下对上于父兄，而不望父兄惟己之听，则处事之际，必相和协，无乖不顺，不和谐争纷争之患。孔子曰：“事父母，几谏婉言劝说，劝谏，见志不从，又敬不违，劳而不怨怨恨。”此圣人教人和家之要术也，宜孰同“熟”，仔细，细致思之。

评析

这段主要是从父子、兄弟之间的关系谈家庭成员之间的和谐之道。父子之间，常因父亲对孩子求全责备，要求苛刻导致矛盾；兄弟之间，常因为相互争夺家产财物而反目成仇。而有些父子、兄弟之间并没有这方面的问题却也时常闹矛盾，原因何在？袁采从人的禀性、性格方面作了详细的分析，他认为这是由于人们的性情不同所致。正因为人的禀性气质各不相同，如果一方强迫另一方的性格、禀性适应自己，就容易导致家庭矛盾。袁采这种性情不可以强合、家庭成员之间不能强迫别人适应自己的见解，在今天看来仍然是正确的。父兄对子弟的教育一定要顺性而为，只有这样才能取得良好的效果。

見富貴而生諂容者最可恥

见富贵而生谄容者最可耻

原文

人之父子，或不思各尽其道，而互相责备者，尤启（引发）不和之渐（开端，起因）也。若各能反思，则无事矣。为父者曰："吾今日为人之父，盖前日尝为人之子矣。凡吾前日事亲（侍奉父母）之道，每事尽善，则为子者得于见闻，不待教诏（教诲）而知效（摹仿，效仿）；倘吾前日事亲之道有所未善（完备），将以（连词。因而，因此）责其子，得不（岂不）有愧于心！"为子者曰："吾今日为人之子，则他日亦当为人之父。今吾父之抚育我者如此，畀付（付与。畀bì，给与）我者如此，亦云厚（优厚）矣。他日吾之待其子，不异于吾之父，则可俯仰（举动，举止）无愧。

导读

在家庭生活中，往往父子之间，彼此不考虑自己做得如何，不从自己方面找原因，却责备对方做得不好，这恰恰是引发父子不和的起因。如果各方都反思一下自己的行为，就会相安无事。做父亲的应该想：我今天为人之父，以前却曾经是父亲的儿子。大凡我以前侍奉父母如果能事事力求尽善尽美，那么做子女的就会耳闻目睹，不等教导，他们就能知道如何对待父母了。反之，如果我以前在侍奉父母方面做得不好，却因此去责备孩子不能做到这些，难道不觉得于心有愧吗？同理，做儿子的也应该这样想：我今天为人之子，日后肯定会为人之父。今天父亲这样抚养、培育我，可说是厚爱，日后我对待孩子努力做到像父亲待我一样，才算对得起良心。如果不能这样若或倘若不及，非惟不只，不仅有负于其子，亦何颜以见其父？”然世之善擅长，善于为人子者，常善为人父；不能孝其亲者，常欲虐虐待其子。此无他，贤者能自反反躬自问，则无往而不善；不贤者不能自反，为人子则多怨怨恨，为人父则多暴暴戾，暴虐。然则自反之说，惟贤者可以语谈论此。

做，不仅有负于孩子，还有何脸面对父亲？实际上世上善于做儿子的，一般都很善于为人之父；不能够很好侍奉父母的，也常常会虐待孩子。这其中的道理在于：贤者能反省自己，则不管为人子还是为人父都会做得很好；不贤者不能如此，所以做儿子时经常怨恨父亲，做父亲时又经常暴虐孩子。然而自己反省自己的道理，只有贤达的人才可以谈论。

评析

袁采这种处理父子关系的观点，很有见地。他给我们的启示就是，即便是父子这种至亲至爱的关系，遇到事情也要多从对方的立场考虑问题，这样才能相互理解，父子关系才能和谐融洽。

原文

慈父固固然多败子，子孝而父或也许不察明察，觉察。盖中人一般人之性性情，遇强则避，遇弱则肆放纵，任意行事。父严而子知所畏，则不敢为非；父宽则子玩易，而恣放纵其所行矣。

子之不肖，父多优容宽待，宽容；子之愿悫朴实，诚实。悫 què，父或责备之无已。惟贤智之人即无此患。至于兄友而弟或不恭，弟恭而兄或不友；夫正而妇或不顺，妇顺而夫或不正，亦由"此强即彼弱，此弱即彼强"积渐逐渐形成而致之。为人父者，能以他人之不肖子喻开导己子，为人子者，

导读

过于慈爱孩子的父亲容易造就败家子，儿子的孝顺却并不一定被父亲所觉察。大概按一般人的性情来说，往往喜欢避开强者，欺凌弱者。做父亲的严厉，儿子就有所顾忌而不敢胡作非为；做父亲的过于宽容，儿子就往往放纵自己的行为。

对于不肖之子，父亲往往待之宽容；对于谨慎诚实的儿子，做父亲的反倒不停地责备。这样导致的祸患只有充满智慧的贤者才能够避免。至于那些兄长友善对待弟弟而弟弟却不敬重兄长、弟弟敬其兄长而兄长却并不爱惜弟弟的；夫正而妻不顺，妻顺而夫不正的，也是因"一方强大另一方就弱小，一方弱小另一方就强大"而慢慢造成的。为人父者如能以他人不肖之子开导教育自己的儿子，为人子者如能以别人

不贤明的父亲劝导自己的父亲，那么父亲慈爱儿子就越加孝顺，儿子孝顺父亲就越加仁慈，就不会有一方强过另一方的担忧了。至于兄弟、夫妇之间，如果也都能以他人的缺点互相劝勉，还怕亲人对自己不友爱、不恭敬、不公正、不和顺吗？

能以他人之不贤父喻己父，则父慈而子愈孝，子孝而父益慈，无偏胜（一方超越另一方，失去平衡）之患矣。至于兄弟、夫妇，亦各能以他人之不及者喻之，则何患（担心，忧虑）不友、恭、正、顺者哉！

评析

袁采真是一个通达事理的学者，他从人与人之间强弱不平衡的角度分析父子、兄弟、夫妇关系的调适之道，句句在理，以此调节家庭成员之间关系，何患家庭不和睦？

原文

自古人伦，贤否（好坏。否pǐ，坏，恶）相杂。或父子不能皆贤，或兄弟不能皆令（美好，善），或夫流荡（放荡，不受拘束），或妻悍暴（凶猛、强横），少有一家之中无此患者，虽圣贤亦无如之何。身有疮痍（疮疡创伤。痍yí）疣赘（yóu zhuì。皮肤上的赘生物），虽甚可恶，不可决去（去掉），惟当宽怀处之。能知此理，则胸中泰然（安然。形容心情安定）矣。古人所以谓父子、兄弟、夫妇之间，人所难言者如此。

子之于父，弟之于兄，犹卒伍（士兵）之于将帅，胥吏（旧时官府中办理文书的小官吏）之于官曹（官员），奴婢之于雇主，不可相视如朋辈，事事欲论曲直。若父兄言行之失，显然不

导读

自古以来的人伦关系，好与不好相互交杂。有的父子不都贤明，有的兄弟不都和善，有的丈夫放浪形骸，有的妻子强横凶狠。很少有没有这些问题的人家，即便是圣人贤人也无可奈何。正如人身上有创伤或疮疽，虽然可恶却不能够挖去，只能以宽怀之心处之。假如能明白此简单道理，那么处事就会安然自如。古人所说的父子、兄弟、夫妻之间，难以言说的就是这些。

儿子对于父亲，弟弟对于兄长，就像军队里的兵卒与将帅的关系，官府中的小吏与长官的关系，奴婢与主人的关系，绝不可能如朋友那样，事事争论是非曲直。当父、兄有明显的错误无法

掩盖的时候，做子、弟的也只能婉言规劝。如果父兄把歪曲之理强加于他们，他们也应该顺从地承受，而不可当面争辩。当然，做父兄的也应当反省自己。

可掩掩盖，子弟止只，仅可和言几谏婉言劝谏。若以曲理而加之，子弟尤当顺受顺从地接受，而不当辩争辩，辩白。为父兄者又当自省。

评析

“清官难断家务事。”家庭成员关系的处理需要大家共同努力。这段文字的核心是劝人们对待家人要宽容，只有彼此都能做到宽以待人，严于律己，家庭才能和睦。至于袁采所论父兄与子弟的相处之道，以及父兄之间不必事事辩个是非曲直的观点，今天看来的确是一种封建说教，与开明、民主的现代社会是格格不入的，应该抛弃。

原文

人言“居家久和者，本于能忍”。然知忍而不知处对待忍之道，其失尤多。盖忍或有藏蓄隐藏，蓄存之意。人之犯我，藏蓄而不发，不过一再而已。积之既多，其发也，如洪流之决决堤，不可遏遏制矣。不若随而解之，不置胸次胸怀，曰：“此其不思尔！”曰：“此其无知尔！”曰：“此其失误尔！”曰：“此其所见者小尔！”曰：“此其利害宁几何！”不使之入于吾心，虽日犯我者十数，亦不至形于言而见于色。然后见忍之功效为甚大，此所谓善处忍者。

导读

人们常说“大凡家庭和睦之道，根本上在于能够相互容忍”。然而，如果在相处中只知容忍而不知如何容忍，其中的失误会更多。这大约是因为有些容忍中包含了隐藏蓄积的意味。别人冒犯了我，我隐忍不露，这样一次两次可以，如果次数多了，一旦发泄就犹如决堤洪水，不可遏止。倒不如随时释放、调适，不老放在心里。自己不妨常这样自我安慰：他这样做可能没有经过深思熟虑；他这样做是愚昧无知；他这样做是误会所致；他这样做是见识短浅之故；他这样做于我能有多大利害呢？这样，这种干扰就无法侵入我心中，即使他每天冒犯我数十次，我也就不会在言语和表情上表现出来了。这样才能看出容忍的功效之巨大，这样的人才是善于容忍之人。

评析

汉字是形音意的结合体，“忍”字的写法是上为“刀刃”下为“心胸”，意思是即便头上压着把刀也能泰然处之，这就是俗话所说的“忍字头上一把刀”。宽以待人是我们民族的传统美德。袁采这段话从心理学上看也是科学的，因为即便是家人之间，在家庭生活中由于每个人脾气禀性等不同，不可能没有矛盾冲突。这就要求人们相互之间能够宽容、忍让，及时化解矛盾，只有这样，家庭关系才能和谐稳定。

原文

骨肉之失欢不和睦，有本于至微最细小的事而终至不可解者。止只由因为失欢之后，各自负气，不肯先下退让，让步尔。朝夕群居，不能无相失指两个人相互失欢、不睦。相失之后，有一人能先下气，与之话言，则彼此酬复应答，遂如平时矣。宜深思之。

兴盛之家，长幼多和协和睦相处，盖所求皆遂满足，如意，无所争也。破荡破败，衰落之家，妻孥妻子儿女。孥nú，子女未尝有过，而家长每多责骂者。衣食不给供给，触事不谐，积忿无所发，惟可施于妻孥之前而已。妻孥能知此，则尤当奉承。

导读

骨肉亲属之间不睦，往往是源于细小琐碎之事而最终导致不可化解的矛盾。只因产生矛盾之后，彼此赌气谁也不肯先让步。实际上亲人间朝夕相处，不可能没有矛盾。有了矛盾如果能够主动与对方平心静气地把话说开，那双方关系就能恢复，和好如初。这是需要深思的道理。

兴旺发达之家，长幼之间往往能和谐相处，大概是因为希望得到的都能得到满足，没有可争的东西。破败衰落的家庭，妻子儿女没有过失，但一家之主往往多加责骂。衣食不足，办什么事都不顺，积累的怨气无处发泄，只能拿妻子儿女出气。妻子儿女如果知道这一点，最好能予以理解、顺从。

年高之人，做事有如婴孺幼儿，喜得钱财微利，喜受饮食、果食小惠，喜与孩童玩狎嬉戏玩闹。狎xiá，亲近而态度不严肃。为子弟者，能知此而顺适其意，则尽其欢矣。

年龄大的人，做事往往像小孩子，喜欢别人给他钱财等小小的好处，喜欢接受饮食、果品之类好吃的东西，喜欢与孩子一块儿嬉戏玩耍。做晚辈的如能明白这个道理就顺应老人的意愿，尽量给予满足，老人就会愉快地度过晚年。

评析

这几段继续论述家庭和睦之道。家庭和谐需要成员之间及时化解矛盾，不要因为一些小事日渐积累，最终导致骨肉至亲失和。这里袁采特别强调亲属之间有了矛盾冲突不要记仇；强调家长与妻子儿女要相互理解；对待老人要顺应他们的身心变化，使其安享晚年。这些都是很有道理的。但袁采对封建家长不尊重妻子儿女人格、随便发泄的做法不但没有给予批评，却让他们理解顺承的观点是不可取的。

原文

人之孝行，根于诚笃（真诚厚道。笃dǔ，忠实，一心一意），虽繁文末节（过分烦琐的仪式和礼节）不至，亦可以动天地、感鬼神。尝见世人有事亲（侍奉父母双亲）不务（追求）诚笃，乃以声音笑貌缪（miù。假装）为恭敬者，其不为天地鬼神所诛（责罚）则幸矣，况望其世世笃孝而门户（家族）昌隆者乎！苟能知此，则自此而往，与物应接（同别人打交道），皆不可不诚。有识君子，试以诚与不诚者较（比较），其久远效验（效果）孰多？

导读

人的孝行，如果根源于真诚深厚的情感，即使有某些繁文缛节没有做到，也可以感动天地鬼神。曾见世人很多侍奉父母不真诚忠实，却装出笑脸假装恭敬，这些人不被天地鬼神所惩罚就算是万幸了，又怎么能期望他们的子孙都能做到世代孝顺且家族昌盛兴隆呢？如果真能明白这个道理，那么从此以后，待人接物，侍奉父母都不可不忠诚。有见识的君子们，试试将真诚的行为与不真诚的行为相比比看，看哪种更久远，哪种做法的效果更好？

评析

袁采这段强调对侍奉父母要真诚，不能虚情假意。如果期望自己的子孙能做到世代孝顺且家族昌盛兴隆，就要从自己做起，给孩子做个良好榜样。正如俗话所说，“孩子是父母的镜子”。

原文

人当婴孺之时，爱恋父母至切最深切。父母于其子婴孺之时，爱念尤厚，抚育无所不至。盖由气血初分父母与孩子的气血刚刚分离，相去未远，而婴孺之声音笑貌自能取爱于人。亦造物者特指造物主设为自然之理，使之生生不穷繁衍不息。虽即使飞走飞禽走兽微物微小的生物亦然。方正当其子初脱胎卵之际，乳饮哺啄必极其爱，有伤其子，则护之不顾其身。然人于既长之后，分名分稍严严格而情稍疏，父母方才，刚刚求尽其慈，子方求尽其孝。飞走之属类，稍长则母子不相识认，此人之所以异于飞走也。然父母于其子幼之时，

导读

人在幼儿时期，对于父母的爱恋是极为深切的。而父母对于处在婴孩时期的儿女，爱怜之情更是尤为深厚，关爱抚育几乎是无微不至。这大约是父母与孩子相连的气血刚刚分离不久，幼儿的音容笑貌本身便能得到人的疼爱喜欢的缘故吧！这也是造物主安排的自然规律，使这个世界能生生不息。自然界的各种生物都是如此。当其幼儿刚刚脱离母体的时候，它们哺乳喂养必然极其尽心，如果出现伤害幼子的行为时，它们便会奋不顾身地保护孩子。然而，当孩子长大之后，名分逐渐严格，感情日渐疏远，此时父母才力求做到慈爱，子女也才力求做到孝敬。飞禽走兽之类，长大之后母子不再相认，这是人与飞禽走兽的不同之处。但是，父母在孩子幼小时，对他们的关爱抚育简直

爱念抚育，有不可以言尽者。子虽终身承颜顺承他人脸色。表示侍奉的意思致养奉养，极尽孝道，终不能报其少小爱念抚育之恩，况孝道有不尽者。凡人之不能尽孝道者，请观人之抚育婴孺，其情爱如何，终当自悟。亦犹天地生育之道，所以及给予人者至广至大，而人之报天地者何在？有对虚空焚香跪拜，或召羽流道士斋醮请僧、道设斋坛祈祷。醮jiào，祭祀，祈祷上帝上天，则以为能报天地，果足以报其万分之一乎？况又有怨咨怨恨嗟叹乎天地者，皆不能反思之罪也。

无法用言语表达。孩子们即使终其一生赡养父母，极尽孝道，也不能报答父母的这种恩情，何况有些人还根本不尽孝道。凡是这样的人，请他看一下别人是怎样抚育婴幼儿的，父母对孩子的感情如何，他们最终就会醒悟。正如天地孕育万物之道，所给予人类的是那样的广大，但人类怎样去报答天地之恩呢？有的对空焚香跪拜，有的请道士做道场来祭祀上天，他们认为这样就能报答天地之恩，实际上能报答其万分之一吗？更何况还有人埋怨责怪天地，这都是不能反思造成的罪过啊！

评析

父母之恩，难以回报，正如唐朝诗人孟郊所言，“谁言寸草心，报得三春晖”。袁采这里比较了人与动物在父辈与子辈感情上的相同和相异之处，意在劝喻人们：父母养育之恩天高地厚，父母之爱伟大无私，为人子女应该孝顺父母。这也是我们中华民族的传统美德。

遇貧窮而
作驕態者
賤莫甚

遇贫穷而
作骄态者
贱莫甚

原文

人之有子，多于婴孺之时爱忘其丑忍恶，不好。恣放纵其所求，恣其所为。无故叫号叫喊哭号。号 háo，不知禁止，而以罪保母；陵轹líng lì。同"凌轹"，欺压、欺蔑同辈，不知戒约，而以咎jiù。怪罪他人。或言其不然，则曰："小未可责。"日渐沾染月渍zì。浸润，养成其恶，此父母曲爱溺爱之过也。及其年齿年龄渐长，爱心渐疏，微有疵失缺点，失误。疵 cī，遂成憎怒，摭zhí。拾取其小疵，以为大恶。如遇亲故亲戚朋友，装饰巧辞，历历陈数一一陈述，断然以大不孝之名加之。而其子实无他罪，此父母妄憎之过也。爱憎之私不

导读

人们有了孩子，大多在其婴幼儿时因过于溺爱而忽略了他们的坏毛病。想方设法满足他们的要求，放纵他们的行为。他们无缘无故叫喊哭闹，大人不知加以制止，却以此责怪看护孩子的人；孩子欺负了别人，大人不知管束自己的孩子，却怪罪被欺负的孩子。有的父母即便认为孩子不对，但也以为"孩子还小没有必要责备"。日久积累，孩子养成了恶习，这都是父母溺爱孩子造成的过错。等到孩子渐渐长大，父母的溺爱之心渐渐淡化，孩子稍有过失，父母便会大发雷霆，将小错当成很大的错。如遇到亲朋好友，为了显示自己教子严厉又反复数落孩子过失，甚至把大不孝之名强加于孩子身上。实际上孩子并没有什么大不了的过错，只是父母妄加憎恶的过错。爱憎感情的极

端化大多源于母亲，做父亲的如果不懂此理，就会偏听孩子母亲的话，认同她说的事情。所以，做父亲的必须对此加以明察。孩子小时一定要严格要求，长大后也不应减少对他的关爱。

公正，多先于母氏，其父若不知此理，则徇（xùn。顺从，遵从）其母氏之说，牢不可解。为父者须详察此。子幼必待以严，子壮无薄（减少）其爱。

评析

这里继续谈论父母与子女的相处之道。八百多年前的袁采，不仅是位注重化民成俗的官员，也是一位很好的心理学家、教育学家。他对父母与孩子关系的分析鞭辟入里，合情合理。他关于端蒙正教、不要溺爱孩子，也不要妄加憎恶孩子等观点，对于今天的父母仍然是可以参考和借鉴的宝贵教育理论。

原文

人之有子，须使有业职业。贫贱而有业，则不至于饥寒；富贵而有业，则不至于为非。凡富贵之子弟，耽dān。沉溺，沉迷酒色，好博弈下棋。此指赌博，异衣服异，奇异。此指穿奇异的衣服，即奇装异服，饰舆马装饰车马。舆yú，车，与群小指品性不端之人为伍，以至破家者，非其本心之不肖品行不好，由无业以度日，遂起为非之心。小人赞其为非，则有餔啜指吃喝。餔bū，吃；啜chuò，饮、钱财之利，常乘间而翼成助成，助长之。子弟痛宜省悟。

导读

孩子长大成人，必须让孩子从事某种职业。贫贱人家的孩子有了职业，就不至于忍受饥寒之苦；富贵人家的孩子有了职业，就不至于无事生非。大凡富贵家庭的孩子，常常沉溺于酒色，爱好赌博，喜欢奇装异服，装饰自己的车马，或是与那些不务正业的人厮混，以致家业破败。这并非因为这些孩子品质本来不好，而是由于他们没有事情可做，故而易生胡作非为之心。心术不正的小人对他们的不当做法大加赞扬，就会得到美食和钱财，于是他们常常趁机推波助澜。为人子弟者对此应痛加反省、觉悟。

评析

这段话道出了一个普通的道理：闲极无聊，就会无事生非。穷人家的子弟早早从事农耕或其他职业谋生，就很少成为游手好闲者；相反，富家子弟过的是锦衣玉食、不劳而获的生活，容易放纵自己，他们爱好声色犬马、酗酒赌博，交不三不四的朋友，这样的家庭是“富不过三代”的。这样的教训比比皆是，仍然值得今天的人们警醒。

原文

大抵富贵之家教子弟读书，固本来欲其取科第，及深究圣贤言行之精微精深微妙。然命有穷达困顿与显达，性有昏明愚昧与明智，不可责其必到，尤不可因其不到而使之废学。盖子弟知书，自有所谓无用之用者存焉。史传历史、传记类的书载故事，文集妙词章，与夫阴阳、卜筮bǔshì。古时预测吉凶，用龟甲、兽骨称卜，用蓍草称筮，合称卜筮。蓍 shī、方技古代指医、卜、相、星等方法技术、小说，亦有可喜之谈，篇卷浩博，非岁月可竟终了，完成。子弟朝夕于其间，自有资益增益，不暇他务。又必有朋旧业儒读书的朋友故交者，相与往还谈论，何至饱食终日，无所用心，而与小人为非也。

导读

大概富贵人家教子弟读书，本来想让他们在科举考试中取得功名，以及深入探究圣贤言行中的精微之处。然而，人的仕途命运有困顿与通达之别，人的禀性也有迟钝与聪慧之分，因而不能苛求人人都能达到预期目标。尤其不能因为他们未达目的而让其放弃学业。大凡子弟读书，本来就有所谓的“没有用处”的“用处”存在。史书中记载的故事，文集中的美妙文章，与那些谈论阴阳、占卜、方技、小说之类的书籍一起，都有许多可以参考的好内容，这些书籍广博精深，并非一年半载能读完的。子弟们早晚流连于书中，自然会有所收益，就没有心思想其他的事情。读书时，子弟们一定又会有朋友故交，经常往来谈论学问，这样一来，何至于饱食终日、无所事事而与小人为伍，胡作非为呢？

评析

这段话的意思是，教育子弟莫如引导他们读书学习。除此之外作者还表达了两个值得肯定的观点：第一，读书不光是为了求取功名。在封建社会，家长培养子弟读书是为了求取功名，许多人家在子弟没有考取功名后，往往认为读书没用了，没有再读下去的必要了。袁采否定了这种观点，他认为子弟倘若书读多了，自然有了修养，也就不会惹是生非了。第二，书没有有用无用之分。开卷有益，即便是看似无用的杂书，有时也可以给人以参考。这些观点都很有见地。

原文

人有数子，饮食、衣服之爱，不可不均一均匀一致；长幼尊卑之分，不可不严谨严格谨慎；贤否是非之迹，不可不分别。幼而示之以均一，则长无争财之患；幼而责之以严谨，则长无悖慢悖理傲慢之患；幼而教之以是非分别，则长无为恶之患。今人之于子，喜者其爱厚多，深厚，而恶者其爱薄少。初不均平，何以保其他日无争？少或犯长，而长或陵同"凌"，侵犯，欺侮少，初不训责，何以保其他日不悖违背道理？贤者或见恶wù，而不肖者或见爱被喜爱，初不允当公平，恰当，何以保其他日不为恶è？

导读

人如果家里有几个孩子，吃穿方面，不能不做到公平公正；长幼尊卑的名分，不能不严格谨慎；好坏是非，不能不加以分别。孩子小时让他看到这种公平的做法，他长大后就不会有相互争夺家财的祸患；小的时候对他们要求严格，长大之后就没有怠慢长辈之患；小的时候教孩子如何分辨是非，长大后就不必担心他们会为非作歹。现在的人对待孩子，喜欢的，给予关爱的也多；不喜欢的，给予的关爱就少。从小就没有受到均等公平的对待，怎么能保证长大后不彼此争夺呢？晚辈冒犯尊长，长辈欺侮晚辈，一开始如不加斥责，怎么能保证日后他们不做出悖理之事呢？品行好的孩子被厌弃，品行不好的孩子反被疼爱，开始就不公平恰当，怎能保证他将来不做坏事呢？

评析

人在幼年时的成长经历会影响他的性格品质，所以袁采这段话强调做父母的一定要对孩子公正公平，不可偏爱，不然孩子将来会因为幼年不公正的生活体验而兄弟相争、冒犯长辈，甚至为非作歹，做出有悖情理之事。由此可见，家长对子女的公正不偏，对于孩子长大以后的为人处世是多么重要。

原文

人之兄弟不和而至于破家者，或由于父母憎爱之偏不公。衣服饮食，言语动静，必厚于所爱而薄于所憎。见爱者意气情绪日横，见憎者心不能平，积久之后，遂成深仇。所谓爱之，适恰好所以害之也。苟如果父母均其所爱，兄弟自相和睦。可以两全，岂不甚善！

导读

对于兄弟不和睦致使家庭破落的人家来说，有的是因为父母对孩子们的偏爱造成的。在衣服饮食、言行举止方面必然表现出对所喜欢的孩子偏爱、对不喜欢的孩子冷淡。那些被厚爱的孩子因此变得日益骄横，那些不被父母喜欢的孩子则心里越发不平。日积月累，就成为深仇大恨。父母这种所谓的爱，恰恰成了害。假如父母公平均等地将爱分给每个孩子，兄弟之间就能和睦相处。两全其美，这种做法难道不是很好吗？

评析

本段继续强调父母对孩子偏爱在兄弟之间关系上造成的不良影响。这种偏爱不公不仅影响孩子们间的和睦，而且使得他们长大以后反目成仇，甚至导致家庭破败。每个做父母的都应牢记这一点，在对待孩子的问题上，尽量做到公平公正。

原文

父母见诸子中有独贫者，往往念牵挂之，常加怜恤怜爱体恤。饮食衣服之分或有所偏私袒护私情，不公正，而子之富者或有所献，则转以与之。此乃父母均一之心。而子之富者或以为怨，此殆dài。大概未之思也。若使我贫，父母必移此心于我矣。

导读

父母看到子女中过得贫穷的，往往会格外牵挂，经常多加关照。在分配吃穿等物时会有所偏袒，甚至将其他富裕的孩子给父母的东西也转送给贫穷的孩子。这是父母平均心态的缘故。然而，富裕的孩子对父母的做法可能不理解，甚至还会抱怨，这大概是他们没有将心比心的缘故吧。想想假若贫穷的是自己，父母一定会把这份关爱多给自己的。

评析

这段话说出了“可怜天下父母心”的道理。大多数父母对每个孩子都是关爱有加的，特别是对生活条件差的孩子。做兄弟姐妹的应该体谅父母的这种良苦用心，尽力帮助他们。这也是我们民族的美德。

原文

人于子孙，虽见其作事多拂违背己意，亦不可深憎之。大抵所爱之子孙未必孝，或早夭，而暮年依托及身后过世之后葬、祭，多是所憎之子孙。其他骨肉皆然。请以他人已验验证之事观之。

导读

人们即使见有的子孙做事经常违背自己的意愿，但也不要太憎恶他。大概你所喜欢、疼爱的子孙长大后未必就孝顺你，或者他们年纪不大就夭折了，这样一来，你晚年养老所依靠的，或者能够在你死后料理后事的，往往是你不喜欢的子孙。对待其他亲戚也都是这个道理。请看看别人家已经验证的事实就明白了。

评析

袁采的这种见解虽然具有浓郁的实用主义色彩，但却很有道理：他告诉人们对子孙后代应该宽容，一视同仁，这既利于孩子成长，也利于长辈与晚辈关系的融洽。

原文

同母之子，而长者或为父母所憎，幼者或为父母所爱，此理殆不可晓。窃谦辞，指自己尝细思其由，盖人生一二岁，举动笑语，自得人怜爱，虽即使他人犹爱之，况父母乎！才三四岁至五六岁，恣性任性啼号，多端种乖劣暴戾，顽劣，或损动损害摇动器用，冒犯不顾危险，凡举动言语，皆人之所恶。又多痴顽无知，顽皮，不受训戒教训警告，故虽父母，亦深恶之。方其长者可恶之时，正值幼者可爱之日，父母移其爱长者之心而更改换爱幼者，其憎爱之心，从此而分，遂成迤逦yǐlǐ。连续不断的样子。最幼者当可恶之时，

导读

同一个母亲的孩子，为什么年龄大的不为父母喜欢、年龄小的却多为父母厚爱？这个道理没有人能说清楚。我曾仔细思考其中缘由，大概是因为一两岁的幼儿，举止笑貌自然而然惹人喜爱，即使外人见了也会产生怜爱之心，何况父母呢？长到三四岁到五六岁时，就会任性哭叫，多有顽劣的举动，损坏家里器物，甚至不顾危险，所有的言语举动都招人厌恶。加上又多有淘气顽皮的天性，不听教训警告，所以即便是亲生父母也会厌烦他。当大的孩子正处于这一讨厌期时，小的孩子却恰处于惹人喜爱之时，这样一来父母便把对大孩子的关爱都移到了小孩子的身上，他们的厌恶喜爱情感便由此区分并延续下来。等到最小的孩子长到令人讨

下无可爱之者，父母爱无所移，遂终爱之，其势或如此。为人子者，当知父母爱之所在。长者宜少稍稍，稍微让，幼者宜自抑。为父母者又须觉悟，稍稍渐渐回转，不可任意而行，使长者怀怨而幼者纵欲，以致破家，可也。

厌之时，下面已没有可以关爱的孩子了，父母之爱既然没有更小的孩子可以转移，便会始终喜爱最小的孩子，情况大约如此。身为人子，应当懂得父母的那份爱在何处。大的应当稍微让着小的，小的也应学会自制。做父母的，也要体悟此中道理，渐渐回心转意，不能任凭感情用事，使大的孩子心存怨恨、小的孩子任意而为，以至于家庭破败。

评析

父母关爱幼小的孩子是人之常情。袁采对父母喜欢小的孩子原因分析得入情入理，较之上述关于父母对待子女的论述又有所深化。为人父母的了解这些心理知识，有利于与子女关系的和谐。

原文

父母于长子多不之爱即不爱之，而祖父母于长孙多极其爱。此理亦不可晓，岂亦由爱少子而迁变动，转移及之耶？

导读

父母亲对于长子大多爱之不深，而祖父母却大多喜欢长孙。这其中的道理也弄不明白，难道也是由于喜欢小儿子而将爱移于长孙身上的缘故吗？

评析

袁采猜想，祖父母爱长孙是将喜爱最小孩子的感情移到长孙身上的缘故。但或许还有一种解释：在封建社会，长孙是延续宗族的希望，得到祖父母的喜爱是自然的。

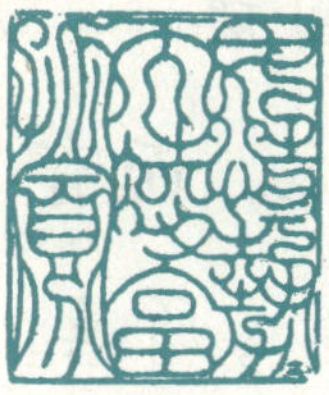

毋恃势力而陵偪孤寡

毋恃势力而凌逼孤寡

原文

凡人之子，性行性格品行不相远，而有后母者，独不为父所喜。父无正室正妻而有宠婢者亦然。此固父之昵亲近于私爱指自己宠爱的人，然为子者要当一意承顺敬奉恭顺，则天理久而自协和洽。凡人之妇，性行不相远，而有小姑者独不为舅姑称夫之父母，即公婆所喜。此固舅姑之爱偏，然为儿妇者要当一意承顺，则尊长久而自悟明白。或父或舅姑终于不察明白，明察，则为子为妇，无可奈何，加敬之外，任听凭之而已。

导读

但凡为人子者，性格品行不会差别太远，但有了后母之后，就不被父亲所喜爱了。那些没有续娶正室，有宠妾的父亲也是这样。这固然是因为做父亲的过于宠爱后妻或妾氏之故，但做子女的还是要顺从父亲的意思，这样时间久了，父亲就会明白其中道理，父子关系也会变得融洽。但凡做人儿媳的，性格品行也相去不远，然而，有小姑子的媳妇往往得不到公婆的喜爱。这固然是因公婆偏爱小姑子造成的，但是做媳妇的还是要顺承公婆，日子久了公婆自然能够省悟。假如做父亲或做公婆的始终不能明白，那做儿子或媳妇的只能无可奈何，除了更加尊敬之外，也只能听之任之了。

评析

这段话说的是对待父母、公婆（舅姑）之道。袁采分析的两种情况：要儿子对做法不当的父亲，媳妇对做法不当的公婆一意承顺，显然包含鲜明的封建道德说教色彩，自然是要抛弃的糟粕。

原文

兄弟子侄同居，至于不和，本非大有所争。由其中有一人设心（用心，居心）不公，为己稍重，虽是毫末（比喻极其细微），必独取于众；或众有所分，在己必欲多得。其他心不能平，遂启（引发，招致）争端，破荡家产。驯小得（习惯贪图小便宜。驯，顺，习惯）而致大患。若知此理，各怀公心，取于私则皆取于私，取于公则皆取于公。众有所分，虽果实之属，直（同“值”，价值）不数十金，亦必均平，则亦何争之有！

导读

兄弟子侄共同生活，产生不和，原因本不是什么大的纷争。大概是其中有人用心不公，总将自己的利益放在首位，即便是极小的利益，也要从中获得一份；或者大家一起分配，他也一定要比别人多一点儿。这样一来，其他人就会愤愤不平，于是争端产生了，甚至家庭也因之破落。积贪图小便宜之习而导致了大的祸患。假如人们明白这个道理，各自持有一颗公允之心，该私人出钱的就从私人那里支取，该公中出钱的就从共有的财物中支取。每个人所分的，即便是果实之类的小东西，价值不过数十文钱，也同样公平分配，哪还有什么纷争呢？

评析

封建大家庭中成员同居共产的生活，人们相处贵在公平公正地对待家庭事务。只有人人持心公允，不挟私心，家庭才能和谐。这其中每个人的“修身”是“齐家”的前提和基础。

导读

兄弟子侄生活在一起，年长者倚仗他们年龄优势，欺凌年幼的晚辈，独享大家的财物，只顾满足自己的温饱需要，久而久之易于养成自私的习性。家庭账目的收支不让年幼的晚辈知晓，年少的到了受冻挨饿的地步，必然会引发争端。有的年长者处理家庭事务极为公正，年幼的却不顺从，偷盗大家庭的财物，干一些偷鸡摸狗的坏事，这样的家庭就更不可能和睦了。假如长者能从大处抓好家庭管理，年轻人分担一些具体的家务，长者一定要为年轻人考虑，年轻人也要服从长者的安排，各人都能出于公心，自然就没有了纷争。

原文

兄弟子侄同居，长者或恃（shì。倚仗）其长，陵轹（líng lì。同“凌轹”，侵犯，欺压）卑幼，专（独自，擅自）用其财，自取温饱，因而成私。簿书出入（账目的支出和收入），不令幼者预知，幼者至不免饥寒，必启争端。或长者处事至公，幼者不能承顺（顺从），盗取其财，以为不肖之资，尤不能和。若长者总提大纲，幼者分干细务（具体的事务），长必（一定）幼谋，幼必长听，各尽公心，自然无争。

评析

这段是说大家庭中家庭成员共同居住，家长与成员之间、长辈与晚辈之间应相互理解，长者应关心幼者，幼者应尊敬长者，这样家庭才能和睦。否则，家庭必然矛盾重重，纷争不断。

原文

兄弟子侄贫富厚薄不同，富者既怀独善（此指只顾自己好）之心，又多骄傲；贫者不生自勉之心，又多妒嫉，此所以不和。若富者时分惠（分享）其余，不恤（担心）其不知恩；贫者知自有定分，不望其必分惠，则亦何争之有！

导读

兄弟子侄家里贫富程度各不相同，富裕的既怀有一颗只顾自己的心，又常常骄横傲慢；贫穷的不想励志改变现状，自力更生，又常常妒忌富者，这样不和睦就会产生。如果富裕人经常给穷亲属分点儿财物，却不指望他们回报；贫穷的晓得贫富自有定数，也不期望富裕亲属一定会给他们分些财物，那怎么还会产生纷争呢？

评析

这段继续分析家庭矛盾不和的理由。富者自私且喜欢在贫穷亲属面前显摆，或贫者不思进取，又嫉妒富裕亲属，这是兄弟子侄等贫富亲属之间产生矛盾的重要原因。双方如果都能顾念亲情，彼此理解，彼此照顾体恤，就会大大减少纷争，人际关系就能和睦。

毋貪口腹而恣殺生禽

毋贪口腹而恣杀生禽

原文

朝廷立法，于分析分财析产一事，非不委曲周全详悉详尽而周密。然有果果真是窃众营私损公肥私，却于典卖典当或出卖契中称“系妻财置到”，或诡名化名置产。官中不能尽行根究。又有果是起于贫寒，不因依靠父祖资产自能奋立，营置财业。或虽有祖宗财产，不因于众，别自殖立殖，经商；立，创立私财，其同宗之人必求分析。至于经县、经州、经所在官府，累连续十数年，各至破荡而后已。若富者能反思，果是因众成私，不分与贫者，于心岂无所慊qiàn。遗憾？果是自置财产，分与贫者，明人世间则为高

导读

朝廷制定的法律，对于家庭财产分割方面的规定并非不详尽周全。然而有人明明是在损公肥私，却在典卖契约中把家族的公产写成妻子陪嫁的私产，或者编造假名购置田产。对此，官府不可能全部追查清楚。有的人确实是从贫寒中奋斗不懈，未依靠父辈祖辈的遗产积累起家业，购置了田产。还有的虽然有祖辈留下来的家产，但没有依靠大家，而是另外经营，置立私产，这样的情况，同族的人肯定会要求分割其财产。以至于告到县州各级官府，诉讼累计十多年，彼此都倾家荡产了才肯罢手。如果富者能反思一下，确实自己是因损公肥私而富裕，却不把多占的财物分给贫者，那么他难道就不于心有愧吗？如果真是自己靠勤劳置办起来的家产，分一部分给贫穷之

义（道义高尚），幽（阴间）则为阴德（又称"阴功"。暗中做有益于别人的事），又岂不胜如连年争讼，妨（阻碍，伤害）废家务，必资备裹粮（携带干粮以备远行），与嘱托（求助）吏胥，贿赂官员之徒废耶？贫者亦宜自思，彼实窃众，亦由辛苦营运（经营运筹）以至增置，岂可悉（尽）分有之？况实彼之私财，而吾欲受之，宁（岂，难道）不自愧？苟能知此，则所分虽微，必无争讼之费也。

人，从人世间说是一种高尚的义举，从阴间说是在积累自己的阴德，这难道不比常年打官司，荒废家业，筹措资金干粮，求助胥吏，贿赂官吏强得多吗？贫穷者也该反省自己，就算富者当初确实是损公而肥私，也还是要经过多年的辛苦经营才使财富逐渐积累起来，怎么能把他的财产全部分了占有呢？何况如果确实是人家积累起来的私有财产，而我却想得到它，难道不感到羞愧吗？假如能懂得这个道理，即便是自己所分财物很少，也必定不会为打官司而花钱了。

评析

袁采所说的这种情况，在古代诉讼案件中不是少数。这种入情入理的分析，意在告诉人们：在家庭、家族生活中，家人、族人之间要正确处理财产关系，不要为了财产分割而伤了手足之情、亲属之谊。

原文

人有兄弟子侄同居，而私财独厚，虑有分析之患者，则置金银之属而深藏之，此为大愚。若以百千金银计之，用以买产产业。这里指田地产，岁收必十千。十余年后，所谓百千者，我已取之。其分与者皆其息也，况百千又有息焉！用以典质典押营运经营，三年而其息一倍，则所谓百千者吾已取之，其分与者皆其息也，况又二年再倍，不知其多少，何为而藏之箧笥qiè sì。藏物之器，不假此收息以利众也？余见世人有将私财假借于众，使之营家经营家业，

导读

家庭里兄弟子侄共同生活，而独有人私下里拥有很多财物，因担心分割财产，就购置一些金银之类的东西深藏起来，这种做法真是愚蠢至极。如果按一百千钱的金银来计算，用来购置田产，一年的收入定能达到十千钱。十多年之后，一百千钱的成本，我早已收回。分给家人的都是所置办田产产生的利息，更何况一百千钱所买的那些田产又会不断产生利息。如果用一百千钱去从事典当经营的话，三年的利润就增加一倍，可以说一百千钱我已赚到，分给家人的都是其产生的利息，何况两年后又会翻倍。像这样不断翻倍，赚得的利润不知有多少，那为什么要把这些金银藏在箱子里，不利用它来收取更多利息来使大家获利呢？我见有人将自己的私人财物借给家人，家人用此来经营生意，自己只收取本

金，家人逐渐富裕起来，惠及兄弟子侄，家族绵延不绝，这是善心得到的报答。也有私下盗窃大家庭财物的人，他们或寄存在妻子的娘家，或寄存在内外姻亲家里，最终却被人家挪用，自己又不敢索要，或索要而不能收回的就多了。也有用妻家或姻亲家的名义购置田产的，田产被别人侵占的也很多。还有的以妻子的名义购置田产，自己死后妻子改嫁把全部财物都带走的情况也很多。凡是正人君子，对此应详察细鉴，只应在心性修养上下功夫。

久而止只取其本者，其家富厚，均及平均给兄弟子侄，绵绵不绝，此善处心存心，用心之报也。亦有窃盗众财，或寄妻家，或寄内外姻亲之家，终为其人用过，不敢取索及取索而不得者多矣。亦有作作为，假托妻家、姻亲之家置产，为其人所掩有尽占者多矣。亦有作妻名置产，身死而妻改嫁，举全以自随者亦多矣。凡百君子，幸详鉴此，止须存心居心，安心。

评析

《世范》这段话，一方面列举把金银用来置办田产，获取收益分与家人的好处，一方面列举种种私藏钱财反致家庭不睦、钱财散失的情况，要人们引为鉴戒。告诫人们在大家庭中生活，不应私藏钱财，自己富裕也要考虑他人。

原文

兄弟同居，甲者富厚，常虑担心，害怕为乙所扰。十数年间，或甲被破坏，而乙乃却增进；或甲亡而其子不能自立，乙反为甲所扰者有矣。兄弟分析，有幸遇应分人典卖，而己欲执赎赎取回来，则将所分田产，丘丘段段平分，或以两旁分与应分人，而己分处中，往往应分人未卖而己先卖，反为应分人执邻控制相邻的土地取赎者多矣。有诸父伯父、叔父的统称俱亡，作诸子均分。而无兄弟者分后独昌昌盛；多兄弟者分后浸微逐渐衰落者；有多兄弟之人，不愿作诸子均分，而兄弟各自昌盛，胜于独据全分者；有以兄弟累众人口众多而己累独少，

导读

兄弟共同生活，甲方富裕，常常担心被乙方牵累。十数年后，或者甲方衰落而乙方日渐富裕；或者甲方亡故其子不能自立门户，乙方反被甲方所牵累的现象也是有的。兄弟在分家产时，遇到应分人想典卖所分的财产，而自己想赎买购置，于是将大家庭的田产一块一块地平均分配，把两旁的地分给别的兄弟，而自己的那份居于当中，但往往是兄弟的田产还没有卖而自己的已先卖出，反被兄弟们就近赎买，这样的事很多。有的人家父辈们都去世了，兄弟子侄们便开始均分家产。其中没有兄弟、只独自一人的家庭，分得家产后却独自过得富裕昌盛；兄弟多的家庭，分家后却越过家道越衰落；有兄弟多的家庭不愿意均分，而兄弟们都过得兴旺发达，远远胜于那些分家另过的；有的看到兄弟们人口多而自己人少、负担轻便

闹着分家，但后来日子却越过越衰落，反而不如人口多的家庭过得仍像从前一样昌盛；有的人因觉得家产分割不均，屡次打官司要求官府进行重分，但分到财产后又随即挥霍，反倒不如被告的兄弟们过得好。世人假如都能明白智谋权术胜不过天理的道理，那就一定不会产生争财诉讼之心了。

力求分析而后浸微，反不若累众之人昌盛如故者；有以分析不平，屡经官求再分，而分到财产随即破坏，反不若被论批决，定罪之人昌盛如故者。世人若知智术才智和计谋不胜天理，必不起争讼之心。

评析

这段话继续从兄弟之间争财的视角分析家庭和睦之道。在这里袁采提出了一个很有见地的观点，他认为与其争夺财产，不如勤奋努力创造财富。兄弟之间争夺家产，就算家财万贯也经不住挥霍浪费，到头来必然会导致家道衰落。所以和气生财不仅适用于生意场上，也适用于居家过日子。

原文

兄弟义居指孝义之家世代同居，固世之美事。然其间有一人早亡，诸父与子侄其爱稍渐渐疏疏远，其心未必均齐一致。为长而欺瞒其幼者有之，为幼而悖慢违逆轻慢其长者有之。顾却见义居而交争者，其相疾忌恨有甚于路人。前日之美事，乃反而甚不美矣。故兄弟当分，宜早有所定。兄弟相爱，虽异居异财，亦不害为孝义。一有交争，则孝义何在？

导读

兄弟以孝义之道而共同居住，本来是人世间的好事。然而如果其中有一人早早去世，叔伯与侄儿之间的情感就会逐渐疏远，他们之间的心思也未必一致。有长辈欺瞒晚辈的，也有晚辈违悖、轻慢长辈的。甚而看到那些以孝义而居住在一起的家庭一旦相争，其相互忌恨的程度比陌生的路人更厉害。以前义居的美事反倒变得不美了。所以兄弟应当分家另过的应该早做决定。兄弟之间相亲相爱，即使是分家另过，也不妨害孝义之道。一旦发生争执，彼此交恶，那么孝义何在呢？

评析

中国的史书中不少都辟有“孝义传”，其中记载了许多以孝义治家、同居共财的家族，这些家族恪守孝悌忠义的齐家之道，家庭和睦，家风纯朴，家道隆昌，为世人树立了楷模。但如果一个家庭不顾实际情况而硬是为了孝义之名而勉强生活在一起，反而会导致许多矛盾，使得成员失和。所以，袁采根据这两种不同的情况，分而论之。今天的社会已经没有古代那种大家庭了，但是“家家都有难念的经”，而“经”又是不一样的，仍然要根据实际处理家庭关系。

原文

兄弟子侄有同门异户而居者，于众事宜各尽心，不可令小儿、婢仆有扰于众。虽是细微（细小的事情），皆起争之渐。且众之庭宇，一人勤于扫洒，一人全不知顾（懂得顾惜），勤扫洒者已不能平（抑止怒气），况不知顾者又纵（放纵）其小儿婢仆，常常狼藉，且不容他人禁止，则怒詈（lì。责骂）失欢多起于此。

导读

兄弟子侄有分开另过但居住在一个院落里的，这就要求大家处理家族共同事务时都应尽心尽力，不能让小孩儿、仆人去扰乱大家的生活。因为即便是细小的事情，也可能成为重大矛盾的开端。况且大家共同的庭院，有人总是勤快地洒扫，有人全然不加维护、保持。勤于洒扫的人本来就觉得心里不平衡，更何况那些不知顾惜者又纵容小孩、仆人把院子里搞得一片狼藉，还不容他人加以制止，那么发怒责骂、关系失和的事情大多因此发生。

评析

袁采这里谈的看似家庭生活中的琐事，实际是会导致家庭不睦，甚至产生矛盾冲突的大事。传统社会的大家庭要求人们共同生活时，对待关系大家的家事要关心、热心。放到今天的社会，邻里之间、社会成员之间也应如此。

导读

居住在一起，有些品行不端的人总是无理取闹，扰乱他人，如果是偶尔一次两次，还可以与他理论；如果此人已是一无是处，而且经常如此，那就很难与他相处了。乡邻或同僚有时也会遇到这种人，应当放宽胸怀，以无可奈何的态度忍让他。

原文

同居之人，有不贤品质恶劣者非理相扰，若间或偶尔一再，尚可与辩。至于百无一是，且朝夕以此相临面对着，极为难处。同乡及同官亦或有此，当宽其怀抱心胸，胸怀，以无可奈何处之。

评析

人的性格、品行一旦形成，就会很难改变。对于一些品性不佳的人，袁公认为无论是同居之人，还是乡邻同僚，如实在不能理论，只能宽容了，这虽是无可奈何之举，但也只能如此了。这既是大家庭共同生活所需要的，也是对这种家族成员的教育帮助。

原文

父之兄弟，谓之伯父、叔父；其妻，谓之伯母、叔母。服制（丧服制度。旧时丧服制度，分斩衰、齐衰、大功、小功、缌麻五等。按亲疏服之）减于父母一等者，盖谓（认为）其抚字（抚养。字，抚养，养育）教育有父母之道，与亲父母不相远。而兄弟之子谓之犹子（如同儿子。指侄子），亦谓其奉承报孝，有子之道，与亲子不相远。故幼而无父母者，苟（如果）有伯叔父母，则不至无所养；老而无子孙者，苟有犹子，则不至于无所归。此圣王制礼立法之本意。今人或不然，自爱其子，而不顾兄弟之子。又有因其无父母，欲兼（吞并）其财，百端以扰害（侵扰迫害）之，何以责（要求）其犹子之孝！故

导读

父亲的兄弟称为伯父、叔父；父亲兄弟之妻称为伯母、叔母。伯叔辈去世后，侄儿辈为他们服丧略低于父母一等，大概是认为他们对侄儿辈的抚养教育也接近于父母，与亲生父母相差不太远。把兄弟的孩子称作"犹子"，也是因为他们侍奉孝顺像儿子一样，与亲生儿子相差不大。所以从小失去父母的孩子，若有伯叔父母，那么就不至于无人抚养；年老后没有子孙的，如果有侄子在，那么也不至于没有依靠。这是当初圣人贤君制定礼法的本意。现在有些人并不如此，他们只关爱自己的孩子，而不顾惜兄弟的孩子。还有的甚至因为侄子没了父母，就想侵占他的财物，想方设法侵扰迫害侄儿，这种人有什么理由要求侄儿对他尽孝呢？这就是有些

侄子把伯叔父母视作仇敌的原因。

犹子亦视其伯叔父母如仇雠矣。

仇人。雠chóu，仇敌

评析

这一段谈论的是伯父母与侄儿辈的关系。在传统社会里，家风优良的家族，叔侄关系情同父子。也有些家族，存在袁采所说的叔侄形同寇仇的现象。这种现象即便在当今社会也存在着。我国传统伦理关系的调节讲究“尊老爱幼”，“尊老”与“爱幼”互为前提，相辅相成。长辈做得端正慈爱，子辈才能尊敬孝顺，反之亦然。

原文

人有数子，无所不爱，而为兄弟则相视如仇雠，往往其子因父之意，遂不礼礼遇于伯父、叔父者。殊不知己之兄弟即父之诸子，己之诸子，即他日之兄弟。我于兄弟不和，则己之诸子更gèng。又相视效仿效，效法，能禁其不乖戾指性情、言行悖谬，不合情理。戾lì，乖张否？子不礼于伯叔父，则不孝于父亦其渐也。故欲吾之诸子和睦同心，须以吾之处兄弟者示之；欲吾子之孝于己，须以其善事好好侍奉伯叔父者先之。

导读

人有几个儿子，对哪个都无比关爱，但往往对自己的兄弟却视如仇敌，他的儿子往往由于父亲的态度也对伯父、叔父不以礼相待。殊不知自己的兄弟也是自己父亲的儿子，自己的儿子们日后也会成为这样的兄弟。我与自己同胞兄弟不睦，那么我的儿子们则会竞相仿效，这能防止他们将来彼此抵触不和吗？儿子们对伯父、叔父不以礼相待，那么不孝顺父亲也就从此开始了。所以想要使自己的儿子们和睦相处，必须以自己与兄弟们和睦相处示范给他们看；想要我的儿子们日后能孝敬自己，就必须先让他们善待叔伯们。

评析

俗话说“有其父必有其子”“身教重于言教”。家长是孩子最好的老师，这个“老师”不仅要将孩子抚养成人，更重要的还要教孩子学会做人的基本道德规范。培养孩子良好的道德修养，光靠说教是不行的，还要求家长以身示范，而这既是为孩子也是为自己。可惜的是，我们今天的不少家长也不明白这个道理。

原文

凡人之家，有子弟及妇女好传递言语搬弄是非，则虽圣贤同居，亦不能不争。且人之做事不能皆是合理，正确，不能皆合他人之意，宁nìng。岂，难道免其背后评议？背后之言，人不传递，则彼不闻知，宁有忿争？惟此言彼闻，则积成怨恨。况两递其言，又从而增易之，两家之怨至于牢不可解。惟高明之人有言不听，则此辈自不能离间其所亲。

同居之人或相往来，须扬声高声曳履拖着鞋子。曳yè，拉，牵引，使人知之，不可默造到，去。虑其适议及我，

导读

大凡人家如有子弟、妇女喜欢搬弄是非的话，那么即使是圣人贤人同居一处，也不可能不发生争执。况且每个人做事不可能都正确，不能都符合别人的心意，岂能避免不被人背后议论？背后说的是非，人们不传，则他听不到，难道还会生气、争吵？只有这话被对方听到，才会积怨成恨。况且这些被传递的内容，在传递过程中又会增加、改变，这样两边的怨恨逐渐积累，以至于发展到不可调解的程度。只有那些见识不一般的高明之人才会对流言蜚语充耳不闻，这样，爱搬弄是非的人自然不能离间他们之间的亲情。

一起居住的人互相往来，必须高声说话，走路时拖着鞋子发出声响，使人知道你来了，不能悄无声息地走过去。这主要是考

虑到如果人家恰好正在议论自己，这样彼此都不好意思，进退两难。何况这其中有不懂事的人，喜欢躲藏在暗处，伺机偷听人家说话。这是产生是非引起争吵的开端，哪还能一同久居呢！当然，人在家里，不能因为僻静无人，就讽刺议论别人，应该想到会有人可能听到。俗话说“隔墙有耳”，还说：“白天不可说人，夜里不可说鬼。”

则彼此愧惭，进退不可。况其间有不晓事之人，好伏于幽暗之处，以伺人之言语。此生事兴争之端，岂可久与同居！然人之居处，不可谓僻静无人，而辄总是，就讥议人，必虑或有闻之者。俗谓“墙壁有耳”，又曰：“日不可说人，夜不可说鬼。”

评析

这两段话论述主旨是同居一起的家人如何避免矛盾、彼此和睦相处。袁采告诫人们，背后莫议人非！他真是揣摩透了人们的心理，甚至提醒同居在一起的家人之间，往来“须扬声曳履，使人知之，不可默造”，且将理由说得十分透彻。另外值得一提的是，袁采在这部家训中用了许多俗语、民谚，使得家训教化更加通俗、生动。比如，这里的“墙壁有耳”“日不可说人，夜不可说鬼”都非常形象，让人印象深刻。

原文

人家不和，多因妇女以言激怒其夫及同辈。盖妇女所见，不广不远，不公不平。又其所谓舅姑、伯叔、妯娌皆假合借姻缘名义而产生，强为之称呼，非自然天属。故轻于割恩割舍恩义，易于修怨报复，怨恨。非丈夫有远识，则为被其役而不自觉，一家之中，乖变变故生矣。于是有亲兄弟子侄隔屋连墙，至死不相往来者；有无子而不肯以犹子为后，有多子而不以与其兄弟者；有不恤兄弟之贫，养亲必欲如一相同，一致，没有差别，宁弃亲而不顾者；有不恤兄弟之贫，葬亲必欲均费平摊费用，宁留丧而不葬者。其

导读

家庭不和，大多因为妇女用言语激怒丈夫或其同辈。由于妇女见识不广不远，处事不公不平。又因为她所称呼为公爹、公婆、伯父、叔父、妯娌的人都是因嫁到丈夫家才有的，虽然她们竭力地以称呼显示亲近，却并没有天然的血缘关系。因而她们能够轻易地割舍恩义，很容易记仇报怨。除非她们的丈夫有远见卓识，否则就会在不知不觉中被其左右，这样家中的矛盾变故就会产生。于是就有了亲兄弟、亲子侄住房隔屋连墙，却老死不相往来的；有没有子嗣却不肯过继兄弟之子为后，有几个儿子也不愿过继一个给他兄弟的；有不体恤自己兄弟家贫，在赡养父母方面一定坚持负担均摊，否则宁愿舍弃亲恩也不愿赡养的；有不体恤兄弟经济困难，在安葬父母亲时坚持绝对平摊所有费用，不然宁可停棺不下葬父母

事多端，不可概述。亦尝见有远识之人，知妇女之不可谏诲（劝谏和教诲），而外与兄弟相爱，常不失欢（失和），私（私底下）救其所急，私周（周济）其所乏，不使妇女知之。彼兄弟之贫者，虽深怨其妇女，而重爱其兄弟。至于当分析之际，不敢以贫故而贪爱其兄弟之财者，盖由见识高远之人，不听妇女之言，而先施之厚，因以得兄弟之心也。

的。像这样的事情多种多样，不胜枚举。我也曾见过一些有见识的人，知道有些妇道人家不可能用言语劝动她们，因而在外边与兄弟们交往时感情甚笃，私下里救济他们些急需的钱财，或私下里送东西解决他们的困难，却又不让自己的妻子知道。这样一来，那些生活贫困的兄弟，虽内心里怨恨兄弟之妻，却非常敬重爱戴自己的兄弟。到了该分家产的时候，也不敢以自己贫困为由而去贪图他兄弟的财产，这大概是由于见识高远者，不听信妻子挑拨兄弟关系的话，而能先施爱于自己兄弟，从而赢得兄弟敬重之心的缘故吧。

评析

这段话还是谈兄弟关系的相处。袁采细微的分析，说明了一个道理："背后之言不可听，兄弟之谊不可忘。"的确，有不少家庭亲属之间的矛盾是因为一些喜欢搬弄是非的妇女所为，但男人中也会有这样的人。如果不考虑这种偏见，袁采的分析的确合乎情理。

原文

妇女之易生言语者，又多出于婢妾（奴婢，小妾）之间。婢妾愚贱，尤无见识，以言他人之短失（不足和过失）为忠于主母（当家的女性）。若妇女有见识，能一切勿听，则虚佞（虚妄谄媚。佞 nìng，善辩，巧言谄媚）之言不复敢进；若听之信之，从而爱之，则必再言之，又言之，使主母与人遂成深仇，为婢妾者方洋洋得志。非特（只是）婢妾为然，仆隶（奴仆）亦多如此。若主翁（主人，家主）听信，则房族、亲戚、故旧皆大失欢，而善良之仆佃（用人和佃户）皆翻（反而）致诛责（惩罚，责罚）矣。

导读

妇女中爱嚼口舌的，又多是那些奴婢和侍妾。奴婢和侍妾一般愚笨卑贱，尤其缺少见识，好以背后说别人坏话的方式来表示对当家主母的忠心。如果主母有修养见识，不听信她们的闲言，那么这些人以后也就不敢再在主母面前说别人的坏话了；如果听信了她们的话，并因此而宠爱这些婢妾，那么她们日后必定还会不停嚼舌，最终使主母与别人结了深仇，那些婢妾才感到扬扬得意。不仅婢妾这样，男用人也是这样的。如果男主人听信这些谗言，那就会与族人、亲戚、朋友都造成矛盾冲突，而那些善良的用人佃户反倒会因主人听信谗言而受到责罚。

评析

这段话是说如何对待爱嚼口舌、搬弄是非的人，虽然不无道理，但受身份和地位所限，袁采认为这些人基本上都是奴婢和侍妾却失之偏颇，这体现了他对家庭里地位低下的奴婢和侍妾的轻视与偏见。搬弄是非的人任何时代都会有，只要不轻信这些闲言碎语，人们之间的矛盾、纠纷自然会少很多。

原文

房族、亲戚、邻居，其贫者，才 方始，一旦 有所阙 quē。同“缺”，缺少 ，必请假 借 焉。虽米、盐、酒、醋计钱不多，然朝夕频频，令人厌烦。如假借衣服、器用，既为损污，又因 趁机 以质钱 典钱。借之者历历——在心，日 每天 望其偿 偿还；其借者非惟不偿，又行行 hàng hàng。刚强的样子。 常自若，且语人曰：“我未尝有纤毫假贷于他。”此言一达，岂不招怨怒？应 答应 亲戚故旧有所假贷，不若随力给与之。言借，则我望其还，不免有所索 索讨。索之既频，而负偿冤 通“怨” 主，反怒曰：“我

导读

同一宗族、亲戚、邻居中，必然有一些经济拮据、日常生活困难的人。一旦有所缺，定会向富裕的亲友求借。虽然柴米油盐之类的东西值钱不多，但假如频繁地求借，也会令人生厌。倘若借的是衣服、器皿等物品，既容易被污损，又方便被拿出去典当换钱。所以东西借出之后，借出人便时常记挂，天天盼望早日归还；而那些借东西的人不但不尽快归还，反而刚强镇静，还对人说：“我从来没有借过他一点东西。”这话如果传到借出者的耳朵里，岂能不招来他们的怨恨之情？答应借钱物给亲戚朋友，不如根据自己能力适当给予他。如果说借给他，那就期望他偿还，免不了日后向他索讨。可讨要次数多了，借东西的人反而会发火：“我是要

欲偿之，以其不当频（频繁）索。”则姑已（姑且停止）之。方其不索，则又曰：“彼不下气（态度恭顺，平心静气）问我，我何为而强还之？”故索而不偿，不索亦不偿，终于交怨而后已。盖贫人之假贷，初无肯偿之意，纵有肯偿之意，亦何由得偿（拿什么来偿还）？或假贷作经营（做生意），又多以（因）命穷计绌（命穷不济，无计可施）而折阅（亏损）。方其始借之时，礼甚恭，言甚逊（谦逊），其感恩之心，可指日以为誓。至他日责（要求）偿之时，恨不以兵刃相加。凡亲戚故旧，因财成怨者多矣！俗谓“不孝怨父母，欠债怨财主”。不若念其贫，随吾力之厚薄，

还你的，可你不该这样频频催我。”于是你也只好不催促他还。正当你不去索要，他又会说：“他又没有好好问过我，我又何必急着还呢？”因此，你要，他不还，不要，他也不还，最后，闹到双方结下仇怨方才作罢。大概生活贫穷的人借钱物，一开始便没有要偿还的意思，即使有意偿还，又怎么还得上？有些把借来的钱用来做生意，但大多数会因为命运不济，计谋不足，致使亏本。当初他求借时，恭敬有加，言辞甚为谦逊，其感恩之心甚至能指天发誓。可到日后要他偿还时，却恨不得与债主动刀子。在亲戚朋友之间，由于钱财借贷而结怨成仇的太多了！俗语说：“儿子不孝顺是父母教育的失误，借债人拖延不还则要怪债主自己。”实际上，与其这样倒不如体恤他们的困难，量力

原文

举以与之，则我无责偿之念，彼亦无怨于我。

导读

给予无偿资助，这样一来，自己心里不存要他归还的念头，他也就不会怨恨我了。

评析

这段主要谈亲戚之间不宜发生借贷关系。现实中确实有类似情况，因催亲戚归还借贷而结下仇怨。但情况也不完全是这样，俗话说："好借好还，再借不难"，除了直接给予亲属经济援助之外，亲属之间也是可以通过借贷方式给予支持的。只是发生这种情况之前需要了解借贷的亲戚为人如何，同时在数额上也应量力而为，总不能因为总是担心借出的钱财会要不回来而不再借给任何人吧。

宜未雨
而綢繆

宜未雨
而绸缪

原文

子孙有过，为父祖者多不自知，贵官显贵官宦尤甚。盖子孙有过，多掩蔽父祖之耳目。外人知之，窃笑而已，不使其父祖知之。至于乡曲偏僻的地方。引申指乡里贵官，人之进见有时，称道盛德之不暇来不及，岂敢言其子孙之非！况又自以子孙为贤，而以人言为诬欺骗，诽谤，故子孙有弥天之过而父祖不知也。间间或有家训稍严，而母氏犹有却又庇庇护，袒护其子之恶，不使其父知之。富家之子孙不肖，不过耽酒、好色、赌博、近小人，破家之事而已。

导读

子孙有了过错，父亲、祖父多不知道，这在达官显贵之家尤为突出。大约因为子孙有过错，总会想方设法对他们隐瞒。而外人即使知道，也只会私下里讥笑罢了，并不让他们的父亲、祖父知道。至于那些父亲、祖父是显贵官宦的，人们平时与之见面都难，即使见到，寒暄、恭维尚且不及，哪里敢说其子孙的错事！何况做父亲、祖父的，又自以为自家子孙比别家的好，有人说了反而以为别人是诽谤其子孙，故而即便子孙犯了滔天大过，父亲、祖父也不得而知。其中有些家庭可能家教稍严，可母亲、祖母对他们的恶行却又加以庇护，不让他们的父亲、祖父知悉。富家子孙不肖，不过是沉湎于酒色、赌博，结交小人，这最多导致家业破败而已。而权贵官宦之家子孙所做的坏事却远不止此了。他们生活在乡里，强行索要人家的酒食，强行借贷人家的钱财，强行借人物品而不归还，强买人家东西而不付钱；他们还亲近那些不学无术的无德小人，使得这些人仗势凌人；他们侵害善良百姓，并矫饰言辞打一些荒诞的官司；乡邻中有人做了悖理犯法的事情，他们还以担当的名义揽作自己的事；乡邻有人到州县打官司，他便假冒父祖名义写信函，求见恳请州官县官颠倒黑白，徇私枉法；他们还在差遣民夫、征调民船、收取税款、赦免罪犯的过程中趁机捞取钱财，以满足他们花天酒地生活所需。类似这样的过恶还有许多。如果他们随同父祖在做官地居住，就私下里托商贩、衙门差役或市场管理人员购买物品，象征性地付点钱，根本不够人

贵官之子孙不止此也。其居乡也，强索人之酒食，强贷人之钱财，强借人之物而不还，强买人之物而不偿（付钱）；亲近群小（不学无术，毫无德行的小人），则使之假势（凭借势力）以凌人；侵害善良，则多致饰词（矫饰言辞）以妄讼；乡人有曲理犯法事，认为己事，名曰担当；乡人有争讼，则伪作父祖之简（信函），干恳（干谒恳求）州县，求以曲为直；差夫借船，放税免罪，以其所得为酒色之娱。殆（大概）非一端也。其随侍（跟随侍奉）也，私令市贾（市场上的商人。贾 gǔ）买物，私令吏人买物，私托场务买物，皆不偿其直；吏人补名（即补上缺的名额。旧时官员

原文

有缺额时，选人替补，吏人免罪，吏人有优润羡余，盈余，皆必责要求其报酬报；典卖婢妾，限以低价，而使他人填赔；或同院子旧时称仆役游狎交往亲密，或干场务放税。其他妄有求觅，亦非一端，不恤误其父祖陷于刑辟刑法，刑律也。凡为人父祖者，宜知此事，常关防防备，更常询访询问访查，或庶几或许，差不多。表示希望或推测焉。

导读

家本钱；每当官吏补缺需要帮忙，官吏犯法需要求得免罪，或当官吏有羡余时，他们都要对方酬报；还有的在典买奴婢和侍妾时压低价格，不足的部分却让别人填补；还有的平日里不是带着随从成天寻花问柳，就是干预正常的借贷事务而发放高利贷。还有其他五花八门的敛财手段，无法一一列举。他们从来不考虑这样做会连累父亲、祖父遭受刑法惩处。凡是做长辈的，都应该知道这些事情，时时防备，更要时时向乡邻询问访察他们是否在外作奸犯科，这样或许能保证子孙们不会走上邪路。

评析

这段话提醒世人，对于子孙的教育一刻也不可忽视，要时时刻刻地关注他们的一言一行，一举一动。特别是那些富裕之家或官宦之家的子弟更要注意，因为这些子弟往往利用父祖的地位、声望干些违法乱纪、为害百姓的事情。今天，一些“官二代”“富二代”“星二代”的教训不同样值得我们反思和警醒吗？

原文

子弟有愚缪愚顽，乖诈。缪miù贪污者，自不可使之仕宦做官。古人谓“治狱审理案件多阴德，子孙当有兴者”，谓“利人而人不知所自来源，则得福”。今其愚缪，必以狱讼事悉全部委胥辈。改易事情事实，庇恶陷善，岂不与阴德相反？古人又谓“我多阴谋，道家所忌”，谓“害人而人不知所自，则得祸”。今其贪污，必与胥辈同谋，货鬻出售。鬻yù，卖公事，以曲为直，人受其冤，无所告诉控告申诉，岂不谓之阴谋！士大夫试历数乡曲，三十年前宦族，今

导读

子弟中如有愚笨诈伪或贪图钱财者，绝不可让他们走仕途。古人说“办理案件能够积阴德，子孙后代中必定有兴旺发达的”，说“有利于他人但他人却不知道利从何出，自己就会获得福报”。假如让那些愚笨诈伪子弟为官并执掌刑狱之事，他必定会把诉讼事务全部交给幕僚办理。这些人歪曲事实，庇护罪恶而诬陷好人，这岂不是与积阴德背道而行吗？古人还说“人有太多阴谋，是道德伦理之大忌”，说“干了害人坏事虽人不知，但终会恶有恶报”。你让本性贪婪的子弟为官，他必定会与下属一同谋划计策，假公济私，以曲为直，使人蒙受不白之冤却又无处申诉，这难道不是阴谋吗？士大夫们不妨回顾一下自己的家乡，三十年前的官宦人

家，如今还存有几家？这些家族的败落都是上述原因所致。有远见的人一定要相信这些话。

能自存者有几家？皆前事所致也。有远识者必信此言。

评析

袁采这段话可谓至理之论。父祖最知道子弟秉性，如果品德不良子弟读书致仕，必然会因贪图钱财而徇私舞弊，不仅害人而且害己。所以为家长者应该慎而又慎，防患于未然，这对子弟本人和家族都是幸事。

原文

同居父兄子弟，善恶贤否相半各有一半。若顽狠刻薄愚顽狠毒刻薄不惜家业之人先死，则其家兴盛未易量估量也；若慈善长厚勤谨之人先死，则其家不可救矣。谚云："莫言家未成，成家子使家业兴旺的子孙未生；莫言家未破，破家子未大。"亦此意也。

导读

居家一起生活的父子兄弟中，一般是品行好的和坏的各占一半。假如那些愚顽、狠毒、刻薄不珍惜家业的人早早死去，那么其家庭之兴旺发达不可估量；假如那些慈善、忠厚、勤谨的人先亡，那么这个家庭的衰败则是笃定无疑的了。俗话说："不要说家庭还没有兴盛，能使家庭兴盛的子孙还没出生；不要说家道永昌，败家的子孙尚未长大。"说的就是这种现象。

评析

这段说的是收养别人孩子的问题。袁采对于富裕家庭和贫穷之家收养孩子年龄的分析一反常人的见解，的确很有道理。要使家庭和睦、家道隆昌，收养孩子不能不慎重。但他关于收养的目的与今天却不完全相同。现在很多爱心人士收养儿童是为了给孩子一个更好的生长环境，并不是出于“养儿防老”的目的。

原文

多子固为人之患，不可以多子之故，轻以与人。须俟sì。等待其稍长，见其温淳守己，举以与人，两家获福。如在襁褓qiǎng bǎo。背负婴儿的宽带和包裹，婴儿的被子，即以与人，万一不肖，既破他家，必求归宗出嗣异姓或别支的人复归本宗，往往兴讼，又破我家，则两家受其祸矣。

导读

穷人家庭孩子多了固然经济负担严重，但却不可因此而轻易把孩子送人。即使送人也要等到他们基本长大以后，见他性格敦厚淳朴，本分守己，这才能把他给别人收养，这样做对两家人都有好处。如果孩子尚在襁褓之中就送人，万一孩子将来不成器，在败坏了别人的家产之后，又必定会要求认祖归宗。这样的结果往往会引起官司，把亲生父母家庭搞垮，两家都受其祸害。

评析

这里讲的是贫穷人家不要将孩子轻易送人，即使送人也要等到孩子基本长成之后。主意虽好但未必切合实际，因为不少送孩子给人的人家，是因为家里贫困无法养活孩子才送人的，如果有钱财把他们养大，何必要送人呢？

毋臨渴而掘井

毋临渴而掘井

原文

养异姓之子，非惟祖先神灵不歆（xīn。祭祀时神灵享受祭品）其祀，数世之后，必与同姓通婚姻者，律禁（法律禁令）甚严。人多冒（冒犯）之，至启争端。设（假如）或人不之告，官不之治（人不告之，官不治之），岂可不思理之所在？江西养子，不去其所生之姓，而以所养之姓冠于其上，若复姓者。虽于经律（律法，律例）无见，亦知恶（wù）其无别如此。

同姓之子，昭穆（zhāo mù。古代宗庙或墓地的排列次序。始祖居中，以下按父子辈分排列为昭穆，昭居左，穆居右，以此区分宗族内部的长幼、亲疏）不顺，亦不可以为后。鸿雁微物（小的动物），犹（尚且）不乱行，人乃（竟然）不然，至于叔拜侄，于理（礼法）安乎？况启争端。设不得已，养弟，养侄、

导读

养异姓之子作为后嗣，不只是祖先之神灵不接受他的祭祀，数代之后必然会有与同姓氏的人通婚的，这种现象是国家法令所严禁的。很多人因这样做导致争端。即使没人告发，官府也不追查，难道就不考虑一下这样符合情理否？在江西收养别人的孩子，不去掉孩子生父的姓，只是把养父姓氏放在孩子原来姓氏前边，犹如复姓。这种做法虽不见于法律规定，也能知道人们反对养子与亲生子之间不加区别的态度。

即便是同姓本家的孩子，如果辈分顺序不对，也不能过继为后嗣。鸿雁这种小生灵，尚且懂得不乱伦常，人却做不到，以致出现了叔叔拜侄子的现象，这于礼法合适吗？何况这样做也易引起争端。实在不得已的话，可以过继弟弟那边的侄子、孙子以继

孙以奉祭祀，惟当抚之如子，以其财产与之。受所养者，奉所养如父。如古人为嫂制服，如今人为祖承重隔代承受丧祭之责之意，而昭穆不乱，亦无害也。

承香火。不过应该把这孩子当成自己亲生的孩子一样抚养，将来把自己的财产也留给他继承。被收养的孩子，对待养父也要如亲生父亲一样。像古人为嫂嫂穿孝服，像今人代父为祖父举丧，这种做法只要不乱了辈分也就没什么害处。

评析

“不孝有三，无后为大”。在封建宗法社会，传宗接代、继承香火极为重要。这两段是在前文讨论送子与人的基础上，从收养角度论述别人之子不可轻易收养的问题。前一段谈收养异姓之子，后一段谈收养同姓之子。作者对收养异姓之子存在严重偏见，认为祖先之神灵不接受养子的祭祀，完全是一种唯心主义的谬见。实际上在重男轻女的封建社会，由于养老和继承财产需要，收养别姓孩子也是无奈之举。不过作者关于收养同族之子要注意辈分的观点，颇有可取之处，因为这样做不至于导致家族伦理关系的混乱。

原文

别宅子〔非正式婚姻结合而生的孩子〕、遗腹子〔怀孕妇人于丈夫死后所生的孩子〕宜及早收养教训，免致身后论讼。或已为愚下之人，方欲归宗，尤难处也。女亦然，或与杂滥之人通私，或婢妾因他事逐出，皆不可不于生前早有辨明。恐身后有求归宗，而暗昧不明，子孙被其害者。

世有养孤遗子〔指父母死后所遗留下的儿女〕者，及长〔等到长大成人〕，使〔假使〕为僧、道〔和尚、道人〕，乃从其姓，用其三代〔指家庭血缘关系，包括父、祖、曾祖三代〕。有族人〔同家族的人〕出家，而借用有荫人〔封建时代因先人有功而得到封赏的人〕三代，此虽无甚利害，然有还俗〔出家为僧后，又返归世俗〕求归宗者，官以文书为验〔验证〕，

导读

非正式婚姻结合而生的孩子、怀孕妇女在丈夫死后所生的孩子，应该及早收养在家，并加以教育，以免日后发生争执和诉讼。特别是那些不明白事理的人想认祖归宗，更加难以相处。女子也是这样，或者与作风不好的人私通，或者婢女、侍妾因其他事被赶出家门，这些都不可不在活着的时候早分辨清楚。以防这些人死后，其子孙有要求认祖归宗的，却情况不清楚，致使子孙受到不应有的伤害。

世上有人收养父母死后所遗留下的孩子的，等他们长成人，假如他们做了和尚、道士，就让他们姓自己的姓，列入他自家的三代之中。有家族的人出家而借用受到庇荫人家的三代名分，这样做虽然没有什么利害，然而有还俗者要求认祖归宗的，官府依

据文契相验证，则不能判定认为其无权认祖归宗。这不可不防微杜渐。

则不可断裁决，判定以为非。此不可不防微在错误或坏事刚萌发时就加以制止也。

评析

在封建社会，一些有钱人碍于家族的种种原因，不敢把妾娶回家，却在外面购置房产为其居住。这类侍妾生的孩子在古代称为“别宅子”。在封建社会，这些孩子的地位和名分经常得不到法律的承认。袁采却对这些孩子没有歧视之意。他告诫世人，对于“别宅子”“遗腹子”这样的孩子应该及早收养、教育，不要让孩子心灵受到伤害。他还告诫人们，对于出家以后还俗要求认祖归宗的，也要预先考虑以防微杜渐。应对这些传统社会常见的事情，袁采的话的确是忠言。

原文

贤德之人，见族人及外亲子弟之贫，多收于其家，衣食教抚如己子。而薄俗轻薄庸俗之人乃却有贪其财产，于其身后，强欲承重，以为某人尝以我为嗣sì。嗣子，后代矣。故高义崇高的道义之事使人病忧虑于难行。惟当于平昔别其居处，明其名称。若己嗣未立，或他人之子弟年居己子之长，尤不可不明嫌疑于平昔也。

娶妻而有前夫之子，接脚夫旧指妇女丧偶后，在家再招的丈夫而有前妻之子，欲抚养不欲抚养，尤不可不早定，以息他日之争。同入门指儿子随再婚的父亲或母亲

导读

品德高尚的人，见到本族或姻亲中家境贫寒的子弟，多会主动收养他们，在供给衣服食物、施以教化方面像对待自己的亲生孩子一样。然而在被收养的人当中，也有些轻薄庸俗者贪图人家财产，在收养自己的人死后，企图强行继承人家的财产，认为主人曾经过继自己为子嗣。所以，收养贫寒子弟的义行善举竟难以施行。解决这种问题，最好在平时就让所收养者别处居住，明确他的身份。如果自己的子嗣尚未成人，或者被收养者比自己的儿子大，尤其应该及早明确态度，以绝争端。

娶再嫁女子为妻，妻子带有前夫之子，或赘门带有前妻之子，对于这些子弟是否要抚养，尤其要早做决定，以杜绝将来的争端。与这些孩子是否算一家人，住不

住在一起，都应该当众讲清并呈报官府，以免日后发生争端。如果收养的义子为家庭出力劳动，也应该及早给予报酬。父亲所收养的义兄义弟假如对家庭有功劳、恩德，也应分给他一份财产，不要拘泥于前人的法规条文而完全抛弃双方的恩义。

及不同入门（一起进入新的家庭，成为家庭成员），同居及不同居，当质（询问）之于众，明之于官，以绝争端。若义子有劳于家，亦宜早有所酬。义兄弟有劳有恩，亦宜割财产与之，不可拘文（拘泥于前人制定的法规制度）而尽废恩义也。

评析

读这两段文字，不能不感叹作者如此苦口婆心地对维护家庭和睦所做的分析。这些分析合情入理，可操作性强，有利于维持这类家庭生活的和谐稳定，有利于调适这种家庭中各成员之间的关系。

原文

寡妇再嫁，或有孤女年未及嫁，如内外亲姻有高义者，宁若宁愿与之议亲，使鞠养抚养，养育。鞠jū，养育，抚养，鞠育于舅姑公婆之家，俟其长而成亲。若随母而归义父之家，则嫌疑之间，多不自明。

中年以后丧妻，乃人之大不幸。幼子稚女，无与之抚存照顾抚养，饮食衣服，凡闺门之事指家务事，无与之料理，则难于不娶。娶在室指未婚女子之人，则少艾年轻美丽的女子之心，非中年以后之人所能御驾驭；娶寡居之人，或是不能安其室安分守己者，亦不易制控制，掌握。兼有前夫之子，不能忘情，或有亲生之子，岂免

导读

寡妇再嫁他人，如有女儿尚未到出嫁的年龄，同宗族或其他亲戚中有德义高尚者，宁愿帮她张罗定亲，让未成年的女儿居住在公婆家，等到她长大了再为她成亲。假若女儿随母亲到继父家生活，就容易产生一些说不清的嫌疑。

中年丧妻，是人生中大不幸的事情。幼小的儿女无人照顾抚养，吃饭穿衣等本应由妇女操办的事情也无人料理了，因此中年丧妻后很难做到不再续娶。如果娶未婚女子为妻，那么少女的心思是中年人所难以捉摸的；如果娶寡妇为妻，她若不能安分守己，也不易管束。况且寡妇如还有前夫之子，那么爱子之情必然是牵挂于心，嫁后又生孩子，如何确

保她不生二心！故而中年人再娶尤其费心。当然，妇人中还是有贤惠善良、恪守妇道的，能使得全家和睦相处、亲密无间，只不过特别难遇到罢了。

二心！故中年再娶为尤难。然妇人贤淑贤惠，善良自守自坚其操守，和睦如一者，不为无人，特只，只不过难值碰上，遇到耳。

评析

这里讨论的是寡妇再嫁后对女孩的抚养，以及中年丧妻再娶的问题，其核心思想是家族、亲戚要尽量帮助寡妇抚养她们的女儿；续娶后妻务必慎重。这些分析符合人性事理。今天，再婚的父母也不妨参考袁采的观点。

原文

妇人不预干预，介入外事者，盖大概谓夫与子既贤，外事自不必预。若夫与子不肖，掩蔽遮掩妇人之耳目，何所不至没有什么达不到的地方。此指什么事都做？今人多有游荡、赌博，至于鬻田园，甚至于鬻其所居，妻犹仍然，还不觉。然则连词。用在句子开头，表示"既然如此，那么……"或"虽然如此，那么……"夫之不贤，而欲求预外事，何益也？子之鬻产必同其母，而伪伪造书契字者有之。重息以假贷而兼并之人，不惮dàn。担心，忌惮于论讼，贷茶、盐以转贷，而官司责其必偿偿还，为母者终不能制。然则子之不贤，而欲求预外事，何益也！此乃妇人之大不幸，为之奈何？苟为夫能念顾念，顾惜

导读

妇人不必为家庭外的事情操心，大概是说丈夫和儿子既然贤德，就不需要她操心外事。如果丈夫和儿子不守本分，瞒着妇人，在外面什么坏事做不出来？现在有不少男人在外游荡、赌博，以至于变卖了田地，甚至卖了房子，而妻子却仍没觉察。既然这样，那么如果丈夫没有贤德，妻子硬去干预，有何用呢？儿子卖田产必须得到母亲同意，但伪造契约签字也是有的。还有放高利贷吃利息的人，不怕引起诉讼，因倒卖茶叶、食盐是要受官府惩罚的，做母亲的最终还是管不了。既然儿子不贤，妇人要想干预外事，又有何用呢？这是做妻子、母亲的大不幸，有什么办法呢？如果

做丈夫的能顾及妻子的可怜，做儿子的能体会到母亲的可怜，从而能幡然悔悟，岂不是再好不过！

其妻之可怜，为子能念其母之可怜，顿然立刻，马上悔悟，岂不甚善！

评析

传统社会强调男主外、女主内，也有不少弊病，袁采所言即是这种情况。家庭妇女整天忙于家务，对丈夫、儿子在外边的行为了解不多，更何况封建纲常伦理对妇女约束更多，就算她知道丈夫、儿子的作为，也无法制约丈夫、儿子的不良行为，只能乞求丈夫、儿子的可怜和他们的自我觉悟。

原文

妇人有以因为其夫蠢懦蠢笨和怯懦而能自理家务，计算钱谷出入，人不能欺者；有夫不肖，而能与其子同理家务，不致破家荡产者；有夫死子幼，而能教养其子，敦睦使亲厚和睦内外姻亲，料理家务，至于兴隆者。皆贤妇人也。而夫死子幼，居家营生，最为难事。托之宗族，宗族未必贤；托之亲戚，亲戚未必贤。贤者又不肯预人家事。惟妇人自识书算，而所托之人衣食自给，稍识公义，则庶几焉。不然，鲜很少，没有不破家。

导读

为人妻子的妇人中，有的因为丈夫怯懦蠢笨就自己操持家务，掌管钱粮收支事务，使别人不敢小看欺负；有的因丈夫不务正业，便与孩子一道管理家务，不使家庭破败；有的丈夫早逝而子尚幼，却能教养孩子，处理好家族、亲戚之间的关系，料理好家务，甚至使家庭更加兴旺发达。这些都是贤惠能干的妇人。这些妇人中，丈夫早死而儿子尚幼，这种情况是维持家人生活、经营家业最为困难的。因为如果把家事托付给同宗族的人，这些人未必贤良；如果托付给亲戚，亲戚也未必贤良。而贤良的人大多不肯多管别人家的私事。只有妇女自己能够识文断字，所托付的人家里生活条件又可以，且懂得公义道理，这样或许能渡过这个难关。否则，很少有家庭不破落的。

评析

这段还是谈家庭主妇操持家务的问题。作者分析了贤惠能干的主妇的几种情况，认为其中夫死子幼是最为困难的，在这个阶段管理好家政，避免家业破败最难。封建社会的家庭妇女持家真是不易。即使今天，母亲一人把孩子抚养成人也不是件容易的事。

原文

人之男女，不可于幼小时便议婚姻。大抵女欲得托（托付），男欲得偶。若论目前，悔必在后。盖富贵盛衰，更迭（交换，更替）不常；男女之贤否，须年长乃可见。若早议婚姻，事无变易，固为甚善。或昔富而今贫，或昔贵而今贱；或所议之婿流荡（放荡，不受拘束）不肖；或所议之女狠戾（凶狠残暴。此指不贤淑。戾，暴恶）不检（不注意约束自己的言行）。从其前约则难保家，背其前约则为薄义，而争讼由之以兴。可不戒哉？

导读

对家中的男孩女孩，不能在他们年龄幼小时就为他们订下婚事。一般说，女方订婚是要找到依托，男方定亲是要找到配偶。如果在年幼时看他们相配就为他们订婚，将来必定会后悔的。因为家庭的贫富兴衰，变化无常；孩子是否贤良，也要等到长大后才能看出。如果早早议定婚事，而两家情况不变当然很好。可是如果以前富裕的现在变穷了，或者以前显贵的现在地位下降了，或者订了婚约的女婿游手好闲，或者订了婚约的媳妇有失贤淑，不知检点。那么履行以前议定的婚事，则难保家业不破败，不履行婚约则又背负不守信义的恶名，而且很可能由此引发诉讼官司。对此，为人父母者能不谨慎警惕吗？

评析

这一段谈一定不要在孩子年幼时为他们确定婚姻大事。作者分析了幼年订婚的种种弊端，告诫为人父母者一定重视，否则就是毁了孩子的幸福！

原文

男女议亲商议婚娶，说亲。中国传统的婚姻礼节之一，不可贪其阀阅泛指门第、家世。阀fá，古代指有权势的家庭之高，资产之厚。苟人物不相当，则子女终身抱恨遗憾，况又不和而生他事者乎！

有男虽欲择妇，有女虽欲择婿，又须自量自己估量我家子女如何。如我子愚痴庸下愚笨、痴呆，平庸低下，若娶美妇，岂特不和，或有他事；如我女丑拙狠妒，若嫁美婿，万一不和，卒最终为其弃出休妻者有之。凡嫁娶因非偶不相配而不和者，父母不审考虑周全之罪也。

导读

男女双方家庭在议定婚姻大事时，绝不可贪图对方的门第高、财富多。如果对方子女的形貌品性与门第、财富不相配，自己子女却与之结了婚，就会使自己子女抱恨终身，更何况夫妻之间不和睦又会产生其他事端呢！

虽然有男孩的要娶媳妇，有女孩的要选女婿，可做父母的得估量一下自家孩子的条件如何。假如自己儿子愚笨、平庸，却娶了一个美貌妻子，不但夫妻之间会不和睦，而且还可能发生其他事情；假如自己女儿长得丑陋、愚笨、凶狠、好妒忌，却嫁了一个相貌堂堂的女婿，万一两人不和，最终可能被人家休掉。大凡结婚后因双方不般配而导致不能和睦相处，都是做父母的考虑欠周全造成的。

评析

古代“门当户对”作为择偶条件，一直受到现代社会的诟病。因为古代的门当户对主要是从社会地位和经济条件上讲的。但是，换一个角度看，如换成男女双方品貌上的“门当户对”或许不无道理。正如袁采所说，做父母的得估量一下自家孩子的条件，看一看男女双方的条件是否般配，不然结婚以后会产生诸多矛盾。袁采对于议亲应该重视人品，不能追求对方门第高、财富多的观点，即便对今天的青年人择偶也有非常积极的参考价值。

原文

古人谓"周人周朝之人恶厌恶媒媒人"，以其言语反复变化无常。绐dài。欺骗女家则曰："男富。"绐男家则曰："女美。"近世尤甚，绐女家则曰："男家不求备礼，且助出嫁遣出嫁之资。"绐男家则厚许其所遣之贿财物，且虚指虚编数目。若轻信其言而成婚，则责恨责备，怨恨见欺被欺骗，夫妻反目，至于仳离夫妻分别。多指妻子被遗弃而离去。仳pǐ，别，分开者有之。大抵嫁娶固不可无媒，而媒者之言不可尽信。如此，宜谨察严密、谨慎地考察于始。

导读

古人说，"周代人最讨厌媒人"。这是因为媒人大都言而无信，满嘴谎言。欺骗女方说男方如何如何富裕，欺骗男方说女方如何如何美貌。这种现象近年来更加严重。媒人欺骗女方会说男方不要求嫁妆多么丰厚，而且会出一些钱作为女方出嫁的费用；欺骗男方则说女方陪嫁的东西非常丰厚，还编造嫁妆的数目来欺骗男方。双方若轻信了媒人的话而缔结婚姻，就会因怨恨对方欺骗而恼怒对方，夫妻反目甚至闹到离婚，这样的人家也不少。固然婚姻嫁娶少不了媒人的介绍，但媒人的话绝对不能完全相信。有鉴于此，双方的父母一定要一开始就认真地访查清楚。

评析

这段说媒人之言不可轻信。封建时代男女婚姻讲究的是“父母之命、媒妁之言”。封建社会的媒妁确实有不少为了促成双方婚姻，两边编造假话，以便从中得到好处的。今天的时代变了，男女双方可以自由恋爱，但结婚不光是两个人的事，还是两家人的事情，所以婚前还是需要了解对方的家庭，这样对婚后减少矛盾、生活幸福还是必要的。

原文

人之议亲，多要因亲及亲亲上结亲，以示不相忘，此最风俗好处。然其间妇女无远识远见卓识，多因相熟而相简简略，至于相忽忽略，疏忽，遂至于相争而不和，反不若素平素，从来不相识而骤突然议亲者。故凡因亲议亲，最不可托熟阙其礼文讲究礼节，又不可忘其本意，极于责备要求人尽善尽美，则两家周致周到，细致，无他患矣。故有侄女嫁于姑家，独为姑氏所恶；甥女嫁于舅家，独为舅妻所恶；姨女嫁于姨家，独为姨氏所恶。皆由玩易疏忽，轻视于其初，礼薄而怨生，又有不审明白，清楚于其初之过者。

导读

世人说亲，有很多亲上结亲的，为的是亲属之间的关系更加密切，这当然是最好的风俗。但其间由于妇女缺乏远见卓识，往往因是亲戚而简化礼节，甚至忽略了必不可少的礼节，以至于引起争执，导致不和，反而不如那些素不相识的人家结亲。因此说，凡亲戚之间结亲的，绝不能因为彼此关系熟而省去必要的礼节，又不能忘记亲上结亲是为了关系更亲的本意，两家都做到周到细致，那么两家就不会产生矛盾和不快。因此有侄女嫁到姑母家，唯独不招姑母喜欢；外甥女嫁到舅舅家，唯独不招舅母喜欢；姨女嫁到姨家，唯独不招姨母喜欢的。这都是由于一开始就疏忽了应有的礼节，从而导致怨恨，同时还有没意识到这恶果是从一开始就种下的。

评析

这一段阐述了一个处理儿媳与婆媳关系极为重要而又极易被忽视的问题，即亲上加亲反而更易导致婆媳关系不睦。按说，侄女成了姑母的儿媳，外甥女成了舅妈、姨妈的儿媳，两家本来就是至亲，关系应该更好处理，何以反而更糟？袁采的分析独到而精辟，那就是因亲而废礼。做侄女、外甥女的往往因为与姑妈、舅妈、姨妈是极为熟悉的亲戚，所以简化礼节，甚至忽略了必不可少的礼节，这就容易引起她们的不满，从而使得双方关系紧张。袁采在分析“病因”的基础上，开出了对症的“药方”——不能忘记亲上加亲是为了关系更亲的本意。相信按照这一“药方”诊治这种亲上加亲的关系，定能婆媳融洽、家庭和睦。

原文

嫁女须随家力，不可勉强。然或财产宽余，亦不可视为他人（看作别人或外人），不以分给。今世固有生男不得力而依托女家，及身后葬祭（埋葬祭祀）皆由女子者，岂可谓生女之不如男也？大抵女子之心最为可怜，母家富而夫家贫，则欲得母家之财以与夫家；夫家富而母家贫，则欲得夫家之财以与母家。为父母及夫者，宜怜而稍从（听从，顺从）之。及其男女嫁娶之后，男家富而女家贫，则欲得男家之财以与女家；女家富而男家贫，则欲得女家之财以与男家。为男女者，亦宜怜而稍从之。若

导读

陪嫁女儿时应该根据自家情况量力而行，不能勉强而为。然而如果确实家道富裕，也不能把她视作外人而不分给她财产。当今社会原本就有儿子不能依靠而靠女儿的，甚至死后埋葬、祭祀也都要由女儿操办的，怎么能说生女不如生男呢？一般说来，女子最有同情心，如果娘家富而婆家贫，就想法从娘家要些财物接济婆家；如果婆家富而娘家穷，就想法从婆家拿些财物接济娘家。因而作为父母和丈夫，对她都应该予以理解宽容。等到自已儿女长大成婚后，如果儿子家里富而闺女家贫，就会想法拿儿子家的钱物给闺女；如果闺女家富而儿子家穷，又会想法从闺女家要些钱物接济儿子。做儿女的，对此也应该理解宽容。但是，如果拿贫

家的财物给富家的就不对了，可不要顺从。

或割贫益富割分贫家的财富以增加富家的财富，此为非宜适宜，不从可也。

评析

重男轻女是中国封建社会的传统，这导致了妇女在家庭中的从属地位。袁采这里谆谆劝诫为人父母者，应该做到男孩、女孩一样对待；对女子在娘家、婆家之间的“劫富济贫”行为，应该给予充分理解和宽容。这些分析合乎情、在乎理。特别是他对生女未必不如生男、养女一样防老的议论，在他所处的时代，更难能可贵。

原文

人言"光景光阴。此言人生百年，七十者稀"，为其倏忽疾速。指极短的时间易过。而命穷命运不济之人，晚景最不易过。大率大概五十岁前，过二十年如十年，五十岁后，过十年不啻不亚于。啻 chì二十年。而妇人之享高年者，尤为难过。大率妇人依人而立，其未嫁之前，有好祖不如有好父，有好父不如有好兄弟，有好兄弟不如有好侄；其既嫁之后，有好翁公公不如有好夫，有好夫不如有好子，有好子不如有好孙。故妇人多有少壮享富贵而暮年无聊生活穷困无依靠者，盖由此也。凡其亲戚，所宜矜念怜悯挂念。矜 jīn。

导读

俗话说："光景百年，七十者稀。"时光匆匆，人生苦短。而那些命运不济的人，晚年的光景最难过。大概说来，五十岁以前，过二十年像过十年那样快，五十岁以后，过十年却不亚于过了二十年。而那些高寿的妇人，晚年更是难过。一般说来妇人都依靠别人过活，对她来说，出嫁前有好祖父不如有个好父亲，有好父亲不如有个好兄弟，有好兄弟不如有个好侄子；出嫁以后，却是有好公公不如有好丈夫，有好丈夫不如有好儿子，有好儿子不如有好孙子。因而许多妇女年轻时享受富贵荣华，到晚年却光景凄凉，无所依靠，原因就在于此。凡是她的亲戚，都应该多给她些怜悯和关照。

评析

老年阶段难过，是自然规律。袁采分析老年妇女生活更是不易颇有道理，应该给予她们更多怜悯和关照。谁都有老的时候，在今天，我们一样要善待老人。

原文

人之姑、姨、姊、妹及亲戚妇人，年老而子孙不肖，不能供养者，不可不收养。然又须关防，恐其身故（身亡）之后，其不肖子孙却妄经官司，称其人因饥寒而死，或称其人有遗下囊箧（náng qiè。袋子与箱子。这里指遗产）之物。官中受其牒（dié。文书。此指诉讼状），必为追证（追查对证），不免有扰。须于生前令白（陈述）之于众，质（质证，对证）之于官，称身外无余物，则免他患。大抵要为高义之事，须令无后患。

导读

女性亲属中的姑母、姨母、姐姐、妹妹等，年纪大了子孙却不孝顺、得不到奉养的，不可不管不问，应该接到家中赡养。但是一定要慎重，主要是怕她们百年之后，她的那些不肖子孙无理取闹而与你打官司，要么说你收养的人死亡是因为你的虐待挨饿受冻而死，要么说死者留下了什么遗产被你昧下了。官府接到状纸，必定会审问、调查，免不了闹得你家中不宁。所以，必须让被你收养的亲戚生前把有关情况当众说清楚，并在官府对证备案，表明自己并无财产，以免日后产生祸患。大体上说，要做一些合乎道义之举，事先必须慎重考虑周全，以绝后患。

评析

作者真是深谙人情世故！所议收养女性亲属之事未雨绸缪，既成全了品行高尚者的善行义举，又防止将来因自己的善行而受到牵累。《中庸》说："凡事预则立，不预则废。"人生世间，什么样的人都有，凡事应该考虑周全，即便是帮助别人做好事情也要这样。

导读

父祖辈年纪大了，不愿再多管家政事务，于是大多将财产均分给子孙们。如果父祖们能公平对待子孙，一开始就无厚薄之分，子孙们又都能同心协力经营家业，不浪荡挥霍，那么分家之后则不但无矛盾争执，家业还会更加兴旺发达。假如父祖辈们因为有过继的子孙，有同父异母的子孙，有儿子死了而不喜欢的孙子，或者虽然都是自己的子孙却有喜欢和不喜欢的，那么日常生活中的衣食财物等东西必然有多有少，这就使得子孙分家财时定会强烈要求平均分配，而这些做父亲、祖父的又在暗中分得有多有少，这样一来怎么能保证日后不起矛盾争端呢？

如果长辈们因家中有不肖子孙，担心他日后侵害别的子孙的利益，在分家财时虽迫不得已地要分给他一份，也只能按时给一

原文

父祖年高，怠于管干管理。此指家政管理，多将财产均给子孙。若父祖出于公心，初无偏曲，子孙各能戮力协力，通力合作。戮心，通“勠”，不事游荡游手好闲，则均给之后，既无争讼，必致兴隆。若父祖缘原来有过房过继之子，缘有前母后母之子，缘有子亡而不爱其孙，又有虽是一等同等子孙，自有憎爱，凡衣食财物所及，必有厚薄，致令致使子孙力求均给，其父祖又于其中暗有轻重，安得如何能够不起他日之争端！

若父祖缘其子孙内有不肖之人，虑担心，顾虑其侵害他房家族的另一支，不得已而均给者，止只可

原文

逐时均给财谷，不可均给田产。若均给田产，彼以为己分所有，必邀求要求，企望尊长立契典卖。典卖既尽，窥觎偷看。此为暗中希求的意思。觎 qù，窥伺他房，从而婪取，必至兴讼，使贤子贤孙被其扰害，同于破荡破家荡产，不可不思。大抵人之子孙，或十数人皆能守己，其中有一不肖，则十数人均受其害，至于破家者有之。

国家法令百端，终不能禁；父祖智谋百端，终不能防。欲保延家祚家运。祚 zuò，福者，鉴他家之已往，思我家之未来，可不修德熟虑修养品德，深思熟虑，以为长久之计耶？

导读

些钱粮，而不能均分给他田产。如果分给他，他就会认为自己那份自己拥有自主权，必然会要求长辈订立契约而将田产卖掉。卖光田产，他就会打其弟兄们的主意从而再多占一些，这样做必然引起诉讼，使得那些品行贤良的子孙被他骚扰侵害，跟他一同倾家荡产，这不能不考虑啊！一般来说，即使子孙有十来个人都安分守己，只有一人是败家子，那么这十来个人都要身受其害，甚至倾家荡产。

国家法令再详尽具体，也无法杜绝犯罪；父祖们智谋再高，也不能防止发生以上所论之事。想要使家族永保昌盛的人，应该认真研究一下别人家的兴衰历史，思考一下自己家的将来，这难道不需要从教育子孙修养品德做起，以便为将来早作筹划吗？

评析

这几段是从分配家庭财产方面论述睦家之道。袁采认为分配家财除了公平公正、不偏不私以外，还要特别留意那些品行不良的子弟，不使他们扰乱家庭的安宁和谐。而要避免这一类现象的发生，就需要做家长的从子孙小的时候就注意加强教育，培育他们的优良品德。这些见解今天仍然值得家长们好好借鉴。

原文

遗嘱之文，皆贤明之人为身后之虑。然亦须公平，乃（才）可以保家（保住家族或家业）。如劫（威逼，挟制）于悍（凶暴）妻黠（xiá。聪明而狡猾）妾，因于后妻爱子中有偏曲厚薄，或妄（随便，轻易）立嗣，或妄逐子，不近人情之事，不可胜数，皆所以兴讼破家也。

父祖有虑子孙争讼者，常欲预为遗嘱之文。而不知风烛不常，因循（迟延拖拉）不决，至于疾病危笃（病势危险，危急。笃，病沉重），虽心中尚了然，而口不能言，手不能动，饮恨而死者多矣。况有神识（神智）昏乱者乎！

导读

遗嘱，都是有见识的人怕自己百年之后家庭发生争执而预写的文书。但是遗嘱的订立也必须做到公平，才能保证家族延续和家业安全。如果受到凶暴狡诈的妻妾的挟制，在立遗嘱时对于自己的后妻或孩子们厚薄不一，偏私不均，或随便更改嗣子，或轻易地将孩子赶出家门等，这些不合乎人情事理的行为，列举不完，都是引发家庭纠纷、导致家道破落的根源所在。

有些为人父祖者担心自己死后子孙们会为财产问题而产生争执甚至诉诸公堂，就常常思量着早立遗嘱文书。然而他们很多人不知疾病祸福无常，犹犹豫豫没有立即立下遗嘱，等到疾病危重时，虽心中尚明白，却无法言语，手也不能写字，只能含恨死去。何况有些人临终前已是神志不清了。

评析

这两段议论谈了立遗嘱对家庭和睦的重要性。其中包括两层意思：一是立遗嘱应当公平对待每个家庭成员，维护他们各自应有的继承权利；二是立遗嘱宜早不宜迟。这两条都是为人父祖者避免自己亡故以后产生家庭矛盾和纠纷的重要经验，是给世人的有益忠告，放之今天，同样适用。

原文

置义庄（旧时家族中设立的救济贫苦族人的田庄）以济贫族，族久必众。不惟（不仅，不但）所得渐微，不肖子弟得之，不以济饥寒，或为一醉之适（适意），或为一掷（指赌博）之娱，致有以其合得（应该得到的）券历（券，券契；历，数目）预质（预先抵押典卖）于人，而所得不其半者。此为何益？若其所得之多，饱食终日，无所用心，扰暴（扰乱、损害）乡曲，紊烦（烦扰。紊 wěn，乱）官司而已。不若以其田置义学及依寺院置度僧田（用于有人剃发做僧尼费用的田地），能为儒者（读书人）择师训（教训，教育）之，既为之食，且有以周（周全，周济）其乏。质（天资）不美者，无田可养，无业可守，则度以为僧。非惟不至

导读

置办义庄来周济贫苦族人，时间久了宗族人口必然增多。不但每人所得逐渐减少，而且不肖子弟得到了，还不用来作为基本生活费用，或者用来买醉，或者用来赌博，以至于把自己应得份额的券契预先抵押给别人，抵押所得不及份额的一半。置办这种义庄又有什么益处呢？如果族人得到的很多，就会吃饱了饭没事干，干些扰乱欺凌乡亲、烦扰官府的事罢了。不如把这些田地房屋用来置办义学，以及在寺院周围购置度僧田，为子孙中天资好、想读书的孩子选择老师来教育他们。既给了读书孩子吃的，又可周济他们缺少的东西。天资不好的子孙，没有田地养活自己，没有家业可以守护，就让他们剃度当和尚。这样不但不至于使子孙

生活窘迫狼狈、辱没祖先德行，而且也不至于让他们惹是生非，烦扰官府。

失所狼狈，辱其先德有德行的前辈，亦不至生事扰人，紊烦官司也。

评析

义庄的得名与义田联系在一起。义田是由宗族中的一户或者同族人共同拿出若干田地，将收取的地租用来赡养同宗族的贫穷家庭。后来进一步发展，又在义田内建筑房舍，逐渐扩大成为庄园，称作义庄。义庄始于北宋，创始人为仁宗时的官员范仲淹。范仲淹两岁时其父病故，由于家贫无依无靠，母亲谢氏只得改嫁淄州长山朱氏，改姓朱，名说。范仲淹从小俭朴，力学不倦。他看到朱家兄弟生活奢侈浪费，便常加规劝，这引起他们的反感。当范仲淹从母亲那里得知自己的身世之后，便辞母外出求学，更加发愤苦读，考中进士，做了广德军司理参军。于是将母亲接回奉养，并恢复自己的姓氏。由于这段经历，范仲淹深知穷人的艰难，深深地感到贫穷人家连族人子弟都无法照顾。于是，他用自己的俸禄购置田产，收地租用以

评析

赡族人、固宗族，创立了为宗族共同体谋福利、抚养族人的“义庄”。范仲淹首创的义庄，稳定了个体小农经济，扶助了宗族之内的鳏寡孤独和贫穷者，避免了他们沦为无产游民，的确是一种值得称道的善举。同时，义庄的设立，也有利于社会的安定，减少了犯罪，因而受到了朝廷的褒奖和政府的支持，于是各地纷纷效仿，成为一种时尚，许多官员竞相设置义田、义庄。

袁采批评有些人因为有了义庄而不劳作，反而无事生非的现象。但这毕竟不是多数，而且可以用制度加以约束，可以剥夺这些人的享受权，就像范仲淹首创的《范氏义庄规矩》规定的那样，因此完全否定义庄没有道理。而且，袁采不是要族人子弟从事其他职业，而是要他们到寺庙做和尚，这就更不值得肯定了。但他提出的置办义学来周济族人的方法是可取的。

处己

本篇简介

《处己》篇，共55则，详细阐述了修身处世之道。作者对人生中必然遇到的智识高下、富贵贫穷、荣达浮沉、成败忧患、安危思虑、德行偏失、忠信笃敬、勉善谏恶、近贤远佞、亲故疏密、言行举止、受惠报恩、周济贫穷、接待官吏、礼待乡邻、居乡在旅等一系列问题，论说甚详。

在本篇里，袁采对家人子弟立身处世的教诲，概括起来主要有以下几个方面。

其一，处富贵不宜骄傲，礼不可因人分轻重。袁采从宿命论立场出发认为，“富贵乃命分偶然，岂宜以此骄傲乡曲”。如果本身贫寒而致“富厚”“通显”，也不应“以此取尤于乡曲”；若是因为继承父祖的遗产或沾父祖的荣光而成显贵，在乡亲面前耍威风，那更是可羞又可怜。尤其可贵的是，袁采对一些势利小人做法的批评。这些人“不能一概礼待乡曲，而因人之富贵贫贱，设为高下等级。见有资财有官职者，则礼恭而心敬。资财愈多，官职愈高，则恭敬又加焉。至视贫者贱者，则礼傲而心慢，曾不少顾恤。殊不知彼之富贵，非吾之荣，彼之贫贱，非我之辱，何用高下分别如此”。

其二，人贵忠信笃敬，公平正直。袁采认为，忠信笃敬、公平正直是做人最重要的品德，是最重要的“取重于乡曲之术”。但是，他对忠信笃敬的解释与传统的解释很不相同，尤其是“忠”。他说：“盖财物交加，不损人而益己；患难之际，不妨人而利己，所谓忠也。有所许诺，纤毫必偿；有所期约，时刻不易，所谓信也。处事近厚，处心诚实，所谓笃也。礼貌卑下，言辞谦恭，所谓敬也。”

其三，严己宽人，过必思改。袁采认为，对忠信笃敬、公平正直这一做人的重要准则，应该自己首先做到，然后才能要求别人做到。所谓“勉人为善，谏人为恶，固是美事，先须自省”。他认为，人不能无过，但过必思改。同时要宽厚为怀，以直报怨，不要计较人情的厚薄。若“处己接物，而常怀慢心、伪心、妒心、疑心者，皆自取轻辱于人，盛德君子所不为也”。他还告诫子弟，要见得思义，以礼制欲。

其四，谨慎交游，近善远恶。在社会交往方面，袁采要求子弟近君子而远小人，但不赞成有的人家为防子弟从事“酒色博弈之事”而“绝其交游”的做法，认为这样不仅会使子弟缺乏社会阅历，“朴野蠢鄙”，而且一旦“禁防一弛，情窦顿开，如火燎原，不可扑灭”，会干出更大的错事。不如“时其出入，谨其交游，虽不肖之事，习闻既熟，自能识破，必知愧而不为”。这种积极疏导而不是消极防备的方法，可以不断增强年幼子弟对不良行为的抵抗能力。

其五，处事无愧心，悔心必为善。这是袁采对道德修养的最高境界的见解。他说：“今人有为不善之事，幸其人之不见不闻，安然自得，无所畏忌。殊不知人之耳目可掩，神之聪明不可掩。凡吾之处事，心以为可，心以为是，人虽不知，神已知之矣；吾之处事，心以为不可，心以为非，人虽不知，神已知之矣。”这种见解尽管是唯心主义的，但却以朴素的语言，通俗地阐释了在中国道德修养史上具有重大影响的儒家“慎独”思想，因而更能为人们所理解和接受。接着，袁采进一步表述了活到老修身到老的思想，这就是常具“悔心”，不断反省自己，长善救失。他指出：“人之处事，能常悔往事之非，常悔前言之失，常悔往年之未有知识，其贤德之进，所谓长日加益而人不自知也。古人谓‘行年六十，而知五十九之非’者，可不勉哉！”

除了上述待人处世的重要原则之外，袁采还告诫子弟家人注意日常举止、言谈乃至服饰方面的小节。例如，言谈和颜悦色，不可“颜色辞气暴厉”；经市井街巷、茶坊酒肆应举止端庄，遇到醉汉宜即回避；衣饰应整洁干净，“不可鲜华”“异众”。

原文

人之智识（智慧，见识）固有高下，又有高下殊绝（悬殊，差别大）者。高之见下，如登高望远，无不尽见；下之视高，如在墙外欲窥墙里。若高下相去差近（甚近，比较近），犹可与语（交谈）；若相去远甚，不如勿告，徒费舌颊尔。譬（pì。比喻，比方）如弈棋，若高低止（只）较三五着，尚可对弈，国手与未识筹局（谋划全局）之人对弈，果何如哉？

导读

人的智慧和见识有高下之别，还有相差悬殊的。水平高的人看水平低的人，好像登高望远，一切尽收眼底；水平低的人看水平高的人，就像在墙外想看墙里，自然一无所见。如果水平相差甚近，还可以相互交流；如果二者相差甚远，那就不如不说，以免白费口舌。就像下棋，双方的水平只有三五步之差，还可以下下，如果是棋术高明的国手与不识棋局的人对弈，会是什么情况呢？

评析

未论处世之道，先谈人与人在智慧和见识方面的高下区别。正因为人们之间知识水平、观察处理问题的能力有差别甚至相差悬殊，才容易产生矛盾和分歧，才需要遵循正确的处世之道加以调节。所以，这一段是阐述处世之道的前提。作者用登高望远与隔墙相窥、棋术高明的国手与不识棋局的新手对弈两个精彩的比喻，为下文论述如何与人交往、如何处世奠定了基础。

自奉必须俭约

原文

富贵乃命分（命运）偶然，岂宜以此骄傲（因骄傲自负而轻视他人）乡曲？若本自贫窭（贫乏，贫穷。窭 jù，贫穷），身致富厚，本自寒素（家境清贫），身致通显，此虽人之所谓贤，亦不可以此取尤（招致怨恨）于乡曲。若因父祖之遗资（遗产）而坐享肥浓（指肥美的食品和鲜丽的衣着），因父祖之保任（保举）而驯（渐进）致通显，此何以异于常人！其间有欲以此骄傲乡曲，不亦羞而可怜哉！

世有无知之人，不能一概礼待（以礼相待）乡曲，而因人之富贵贫贱，设为（划分）高下等级。见有资财有官职者，则礼恭而心敬。资财愈多，官职愈高，则恭敬又加（增加，加重）焉。至视贫者贱者，则礼傲而心慢，

导读

富贵是人生中的偶然而不是必然，怎么能因为富贵而在乡亲面前骄横摆谱？如果原本贫穷，后来发财致富，或者本来出身低贱，后来居官显达，这些人虽然被人称为是有能力的贤人，但也不能因此在家乡过于招摇而遭人怨恨。如果因继承祖先的遗产而过上富足生活，依靠父祖辈的保举而仕途通达，这种人与常人有何区别呢？他们中如有人因此在乡邻面前炫耀，岂不觉得羞愧和可怜吗？

世上有一些无见识的人，不能对父老乡亲一视同仁、以礼相待，而是根据人的富贵贫贱，划分高低不同的等级。见到有钱有权的人，就毕恭毕敬。钱财越多，官职越高，就越加恭敬。而见到家境贫穷、地位低下的乡亲，就

傲慢轻视，竟然不能稍加照顾体恤。殊不知别人的富贵并非自己的荣耀，别人的贫贱也不是自己的耻辱，何必因此以迥然不同的态度相待？德行纯厚、识见高远的君子是决不会这么做的。

曾竟不少稍微，略微顾恤顾念怜悯。殊不知彼之富贵，非吾之荣，彼之贫贱，非我之辱，何用高下分别如此！长厚有识德高望重，有见识君子必不然也。

评析

这两段谈的是如何对待乡里乡亲。作者之所以先谈这一问题，是由于乡邻关系是传统社会生活中最为基础的关系，是为人处世要处理的最为基本的关系。对此，作者强调的基本原则是：富裕、显贵之人绝不可在乡邻面前炫耀！

第一段袁采分析了那些富裕、显贵人士的两种情况：一是原来贫穷后来发家的，或者是原来出身低贱后来居官显达的；二是因继承祖先遗产而富裕，或沾父祖辈的光而仕途通达的。袁采认为无论哪种情况都没有在乡亲们面前显摆的资本。俗话说“远亲不如近邻”，况且人的一生，命运无常，今日的富贵不一定明天依然富贵，今天比别人强不代表明天仍然比别人强。所以，为人处世不要以富贵骄人，做人要低调。这些道理也值得今天的为富者和为官者深思和反省。

原文

操履（操守）与升沉（指从政者的升降）自是两途。不可谓操履之正，自宜荣贵；操履不正，自宜困厄（困苦危难）。若如此，则孔（孔子。名丘，字仲尼。我国春秋时期思想家、教育家。儒家学派创始人）、颜（颜回。字子渊。孔子弟子），应为宰辅，而古今宰辅达官，不复小人矣。盖操履自是吾人当行之事，不可以此责效（求取成效）于外物。责效不效，则操履必怠（松懈，懈怠），而所守或变，遂为小人之归（结局）矣。今世间多有愚蠢而享富厚、智慧而居贫寒者，皆有一定之分，不可致诘（究问。诘jié，追问）。若知此理，安而处之，岂不省事？

导读

品德操守好坏与官位升降是两码事。不能说品行端正，就应该享受荣华富贵；品行不端，就一定遭受困苦危难。如果真是这样，那么孔子、颜回等人就应该做宰相了，而古往今来的宰相和达官贵人中就不应有小人了。实际上培养德行操守自然是我们应当奉行之事，不能带有什么功利目的，否则，一旦没有达到目的，就必然会放松了品德修养，使得原来恪守的道德信念发生改变，从而沦为小人。当今社会多有愚蠢而享富贵、智慧却只能守贫寒者，这些都是命运安排定的，不必深究。如果明白了这个道理，听天由命，岂不省去许多烦恼？

评析

这段从人的品行操守好坏与可否享受荣华富贵没有必然联系的角度，谈了人的品德修养不能带有功利目的，不能懈怠放松道德信念。这些观点是正确的，但将社会生活中有些人愚蠢而享富贵、有些人智慧却守贫寒的现实，说成是命运安排，要人听天由命，却是一种唯心的宿命论。

原文

世事多更变，乃天理客观规律如此。今世人往往见目前稍稍渐渐荣盛显达兴盛，以为此生无足虑，不旋踵掉转脚跟。喻时间短而破坏者多矣。大抵天序上天安排的顺序，自然规律十年一换甲天干的第一位，用作顺序第一的代称。命相学认为人的运程吉凶可能会随流年不断地变化，十年一运，则世事一变一次变更。今不须广论久远，只以乡曲十年前、二十年前比论比较衡量目前，其成败兴衰何尝有定势确定的态势？世人无远识，凡见他人兴进发展进步及有如意事则怀妒妒忌，见他人衰退及有不如意事则讥笑。同居及同乡人最多此患。若知事无定势，则自虑之不暇，何暇妒人笑人哉？

导读

世上的事变化多端，这是自然法则。现在的人往往看到眼前家业渐渐兴盛，就以为此生无忧无虑了，不知道转瞬之间家道破落的人家太多了。大约十年遇上一“甲”，世上的事就随之一变。今天不要说太久远的事，就拿乡里十年前、二十年前的事情与现在比较，成败兴衰哪里有不变的定势？世人没有远见，凡是见到人家兴盛或者有称心如意的事就心生嫉妒，见到别人家业衰败或有些不称心的事情就讥笑人家。同家族或同乡的人最容易出现这种毛病。如果知道凡事没有固定不变的道理，那么，为自己的未来考虑恐怕还来不及，哪还有时间去嫉妒别人、讥笑别人呢？

评析

这段是说世事变迁本来就无法预料，成败兴衰也没有不变的定势。告诫世人不要以势利眼光看待他人，不要见到人家兴盛、如意就心生嫉妒，见到别人家业衰败就讥笑人家，到头来可能会蹈人家的覆辙。不管别人处于何种境地，以一颗平常、善良之心待人处世才好。

原文

膺yīng。受，得高年享富贵之人，必须少壮之时尝尽艰难，受尽辛苦，不曾有自少壮享富贵安逸至老者。早年登科考中进士及早年受奏补宋代，父祖为高官，可以上奏请求授予儿孙官职，称“奏荫”或“奏补”之人，必于中年龃龉jǔ yǔ。不顺达不如意，却于暮年方得荣达荣耀，显贵。或仕宦做官无龃龉，必其生事生计窘薄困窘，忧饥寒，虑婚嫁。若早年宦达，不历艰难辛苦，及承父祖生事之厚，更无不如意者，多不获高寿。造物乘除消长盛衰之理类多如此。其间亦有始终享富贵者，乃是有大福之人，亦千万人中间有之，非可常也。今人往往机心投机取巧之心巧谋，皆欲不

导读

得长寿、享富贵的人，必当是年轻时历尽艰辛，吃尽苦头，从没有自幼就享受安逸富贵直到老年的人。年少时就科举登第或经父祖奏请得官的，必定会在中年时仕途遭遇坎坷而不顺遂，只是到了晚年才能显达。假如年轻时为官就春风得意，那么家中生活又必定拮据，常为生活开销发愁，为儿女婚嫁忧虑。如果年轻时就官运亨通，又没经历生活的艰辛，又继承了父祖的丰厚家产，生活中无不如意的人，大多不会长寿。造物主安排人的命运规律大多如此。当然这其中也有终身都享受富贵的人，这种有大福大贵的人，千万个人中才会有一个，实在极为少见。现在的人往往费尽心机，盘算着不经辛苦磨难就

受辛苦，即享富贵至终身，盖不知此理。而又非理计较打算，谋划，欲其子孙自少小安然享大富贵，尤其蔽惑蒙蔽迷惑也，终于人力不能胜天。

能终身享受富贵，他们大都不明白这个道理。而更有些人按照这种不合情理的方式算计着自己的子孙后代从小就能享受大福大贵，这就更不明事理了，最终是人算不能胜过上天的安排。

评析

这段谈的是如何看待生活中的曲折。作者认为，人生苦乐参半，世界上很少有安享富贵、官运亨通又福寿绵长的人，“人无千日好，花无百日红”。不能什么好事都落在自己头上，而且经过磨难才能保持住得来不易的富贵荣华。说白了，这些都是告诉我们要努力奋斗幸福才会长久。但作者强调命运中的一切都是天定的观点，显然是要抛弃的迂腐见解。

原文

富贵自有定分定数。造物者既设为一定之分，又设为不测之机难以预测、了解的机关，役使天下之人，朝夕奔趋奔走，趋奉，老死而不觉。不如是，则人生天地间全然无事，而造化之术穷穷尽矣。然奔趋而得者，不过一二；奔趋而不得者，盖千万人。

世人终以一二者之故，至于劳心费力，老死无成者多矣。不知他人奔趋而得，亦其定分中所有者。若定分中所有，虽不奔趋，迟以岁月，亦终必得。故世有高见远识超出造化机关权谋机诈之外，任其自去自来者，其胸中平夷平和，平易，无忧喜，

导读

人能富贵与否是有定数的。造物主既注定了每个人的命运，又设置了莫测高深的机关，役使着天下人为了富贵荣华而天天奔走忙碌，到老死都不能醒悟。反之，假如不是为了利益奔忙，那么人生世间也就无事可做了，而造物主的权术也就穷尽了。然而人们朝夕奔忙真正能得到荣华富贵者不过一二人而已，忙碌一生什么也得不到的人却成千上万。

可是世人就因为千万人中有一二人得到了富贵，便劳心费力追求不已，终至老死也没有什么成就的人太多了。殊不知他人追求成功的也是命中早已注定的。如命中注定得享富贵，即使不奋力追求，多等些时候，最终也能得到。所以世上有那些见识高远、能看破这种造化奥秘的人，往往任其自然，淡然处之，既没有忧

愁和欢喜，也没有什么埋怨和牢骚。如为利禄奔忙或与人相互争斗的念头从未萌发于心中，哪能与人产生争执呢？前辈人说“生死贫富都是生来注定的。君子命中注定就是君子，小人命中注定就是小人”。这话非常恰切，不过是常人不知道罢了。

无怨尤怨恨责怪。所谓奔趋及相倾相互竞争、倾轧之事未尝萌开始发生于意间，则亦何争之有？前辈谓“死生贫富，生来注定。君子赢得为君子，小人枉了做小人”。此言甚切，人自不知耳。

评析

这两段是议论对待富贵荣华的态度。袁采是个宿命论者，他的这种“死生由命，富贵在天”的说教在今天看来显然颇多糟粕，他或许忘了古代哲人同时也说过“事在人为，人定胜天”。虽然努力不一定成功，但不努力肯定不会成功，所以靠自己的努力还是争取美好生活的不二之途。

原文

人生世间，自有知识以来，即有忧患不如意事。小儿叫号，皆其意有不平不满足。自幼至少，至壮，至老，如意之事常少，不如意之事常多。虽大富贵之人，天下之所仰羡景仰羡慕以为神仙，而其不如意处各自有之，与贫贱人无异，特只是所忧虑之事异尔。故谓之缺陷世界，以因此人生世间，无足心满意者。能达通此理而顺受之，则可少稍微安。

导读

人来到世间，自从有了知识，便有了忧患和不如意的事。小孩子哭叫，皆因为没满足他的要求。从幼儿到少年，到壮年，再到老年，常常是称心如意的事少，而不称心如意的事多。虽然天下人都羡慕那些大富大贵的人，认为他活得像神仙，但这种人也都各有烦恼和不称心的地方，跟平民百姓没有不同，区别在于所忧虑的事情不同。所以可以把这个世界称作“缺陷世界”，故而人活在世上，没有谁能处处称心满意。能通达这个道理而做到随遇而安，泰然处之，心里就能宁静了。

评析

这段谈的是如何对待人生中的忧患得失。俗话说“人生不如意者十之八九”。人生在世，不如意的事情总是多于称心如意的事情，明白了这个道理，随遇而安，这样才能心境平淡，生活才能愉快。

导读

大凡人们谋事，即使是日常生活中最微小的事，也会发生一些波折而难以成功，或者差不多快成功却又失败了，失败几次方得成功。经历这样的反复得到的成功却能保持永久安宁，不再有后患。如果是偶然轻易取得成功的，日后必定会发生不如意的事情。造物者的机妙不可测度到如此地步，静下心来思考一下就能明白这个道理，就可以宽心释然了。

原文

凡人谋事，虽即使日用至微者，亦须龃龉而难成，或几几乎，差不多成而败，既败而复成。然后这样以后其成也永久平宁，无复后患。若偶然易成，后必有不如意者。造物微机微妙的机理不可测度猜测，预料如此，静思之则见此理，可以宽怀宽心。

评析

这段谈的是生活中如何对待成败。经过努力奋斗，从失败中总结经验教训，获得的成功才能得而不失，侥幸取得的成功易得却易失。这个道理值得世人警醒。

原文

人之德性道德品性出于天资者，各有所偏不全面，不足。君子知其有所偏，故以其所习为而补之，则为全德道德上完美无缺之人。常人不自知其偏，以其所偏而直情径行任着自己的性情径直去做，故多失。《书》《尚书》。又名《书经》。是中国上古时期的历史文献和部分追述史迹著作的汇编。所记之事上起尧舜，下至春秋中期。分《虞》《夏》《商》《周》四个部分。儒家经典著作言九德，所谓宽、柔、愿、乱、扰、直、简、刚、强者，天资也；所谓栗、立、恭、敬、毅、温、廉、塞、义者，习为也。此圣贤之所以为圣贤也。后世有以性急而佩韦韦，熟牛皮。因其柔韧，性情急躁的人佩在身上以自警、性缓而佩弦弓弦常紧绷，故性缓者佩带弓弦以自警者，亦近此类。虽然即使如此，己之所谓偏者，苦不自觉，须询之他人乃知。

导读

人生下来品性就各有偏颇不足。有学识、修养的君子知道自己的不足而通过学习来弥补，于是就成为具有完美品德的人。普通的人不知道自己的不足，而被这种不足支配其任性行事，故而造成许多过失。《尚书》中说人有九种德行——宽、柔、愿、乱、扰、直、简、刚、强，这些是与生俱来的；而栗、立、恭、敬、毅、温、廉、塞、义，这些德行是通过后天学习养成的。这就是圣贤之所以能成为圣贤的原因。后世有的人性情急躁，就佩带熟牛皮带以自警，而有的人性情迟缓、拖拉，则佩带弓弦以自勉，都属于此类。即便这样，自己的偏颇不足之处，也常由于自己无法知晓而苦恼，必须向他人咨询求教才能知道。

评析

本段从品格性情的角度谈修身之道，说明人都有性情的偏颇和不足。作者引用《尚书》的观点，说明许多德行都是后天通过学习养成获得的，所以应该加强修养，并以人为镜可以知道自己的不足，求得品性和人格的完善。

原文

人之性行，虽有所短，必有所长。与人交游交际，交友，若常见其短，而不见其长，则时日一时一日不可同处；若常念其长，而不顾其短，虽终身与之交游可也。

处己接物对待自己与别人。处，对待；接，接待，而常怀慢心轻慢之心，傲慢之心、伪心欺谩之心、妒心、疑心者，皆自取轻辱于人，盛德君子所不为也。慢心之人自不如人，而好轻薄轻视，藐视人。见敌己与自己相当以下之人，及有求于我者，面前既不加礼，背后又窃讥笑。若能回省反省，反思其身，则愧汗浃背因惭愧汗湿透脊背。浃jiā，湿透矣。伪心之人言语委曲委婉周到，若甚相厚好像对人很亲近，而中心内心乃大不然。

导读

人的性情、品行中，虽有短处，但也必定有长处。与人交往时如果只注意别人的短处，而不看别人的长处，那就根本无法与人相处。反之，如果经常想的是别人的长处，而不顾及他的短处，就能一辈子与他相交。

那些待人接物时怀有轻慢、虚伪、妒忌、疑心的人，都是自取轻蔑、侮辱于人，品德高尚的君子是不会这么做的。那些以轻慢之心待人者自己明明不如人，却喜好轻薄别人。见到地位不如自己以及有求于自己的人，不光当面不以礼相待，背后还讥笑人家。这种人若能反省自身，则会羞愧得汗流浃背。怀有虚伪之心的人言辞委婉周到，好像非常纯朴厚道，可内心里却全然不同。

一时之间人所信慕相信仰慕，用之再三则踪迹露见，为人所唾去矣。妒心之人常欲我之高出于人，故闻有称道人之美者，则忿然愤怒状不平，以为不然；闻人有不如人者，则欣然笑快高兴。此何加损更加有损于人，只厚怨耳。疑心之人，人之出言，未尝有心，而反复思绎思索寻求。绎yì，推究曰：“此讥我何事？此笑我何事？”则与人缔怨，常萌于此。贤者闻人讥笑，若不闻焉，此岂不省事？

这种人一时还可能被人相信仰慕，可一旦打上两三次交道，其真实面目就暴露无遗，终究被人唾弃。怀有妒忌心的人常常觉得自己高人一等，所以听到有人赞美别人时，就忿忿不平，以为并非如此；听到别人有什么不如人的地方，就感到无比高兴。其实这种行为哪能有损于人，只不过增加别人的怨恨而已。疑心重的人，人们说的话，可能是无意间随口说说，他却反复嘀咕：“这是讥讽我什么？那是在嘲笑我什么？”这种人与别人结怨成仇，往往产生于此。贤明的人听到别人讥笑自己，就像没听见一样，这样岂不省去了许多烦恼？

评析

这两段讲人各有长处也各有短处，指出与人相交相知应该多看人家长处、少看人家短处，这样才能与人和睦相处，这种见解非常有道理。现实中的好多人际矛盾都是因为只看到对方缺点看不到对方长处所致。尤其是作者对人际交往中“慢心”“伪心”“妒心”“疑心”四种不良心态的分析甚为透彻、精辟，这些不健康的心态的确是交往之大敌，也是交往中必须力戒的。作者对每种心态的外在表现的剖析，对我们今天知人鉴人仍有积极的参考价值。

导读

“言语信守忠信，行动遵奉笃敬”，这是圣人教人获得乡邻敬重的方法。在财物交往方面，不损人而利己；患难之际，不伤害别人而利己，这就是所谓“忠”。许下诺言，即便是丝毫小事，也定要兑现；有约必践，一时一刻也不改变，这就是所谓“信”。做事待人厚道，内心诚实，这就是所谓“笃”。礼貌谦敬，言辞谦逊，这就是所谓“敬”。假如能够做到忠、信、笃、敬，不仅能得到乡亲们的敬重，而且做任何事情都能达到预期的目标。至于谦恭待人一事，由于对自己毫无损害，世人还能做到。但如果虚伪造作，表面上待人很好，心中却轻视鄙薄他人，这就是能做到“敬”而不能做到“笃”，君子会将他称为奉承献媚的小人，久而久之乡亲们也不再敬重他。

原文

“言忠信，行笃敬笃厚诚敬”，乃圣人教人取重获得尊重于乡曲之术。盖财物交加，不损人而益己；患难之际，不妨人而利己，所谓忠也。有所许诺，纤毫必偿实现；有所期约约期，约会，时刻不易，所谓信也。处事近厚亲近厚道，处心诚实，所谓笃也。礼貌卑下谦敬，言辞谦恭，所谓敬也。若能行此，非惟取重于乡曲，则亦无入而不自得。然敬之一事，于己无损，世人颇能行之。而矫饰虚伪造作，掩盖真相假伪，其中心内心则轻薄，是能敬而不能笃者，君子指为谀佞yú nìng。奉承献媚，乡人久亦不归重也。

原文

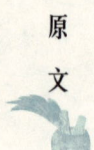

忠、信、笃、敬，先存其在己者，然后望希图，盼其在人。如在己者未尽而以责要求人，人亦以此责我矣。今世之人能自省其忠、信、笃、敬者盖寡，能责人以忠、信、笃、敬者皆然也。虽然即使这样，在我者既尽，在人者也不必深责。今有人能尽其在我者固善好矣，乃欲责人之似己，一或一旦不满吾意，则疾怨恨之已甚，亦非有容德谓宽容之德者，只益贻yí。招致，造成怨于人耳。

导读

忠诚、守信、笃厚、谦敬，这些道德规范先要自身做到，然后才能希望别人做到。如果自己在日常交往中尚未达到这些要求，却以此苛求别人，别人也会以此要求自己。当今社会能自我反省是否做到了忠、信、笃、敬的人太少了，而以此要求别人的却大有人在。实际上，即使自己能够恪守这些准则，也不必要求别人都要做到。今天有的人在待人接物时能够做到这些固然很好，但想要别人也都像他那样，一不合他的心意便十分怨恨人家，这种人也不是有宽以待人品德的人，只会更加易于结怨于人。

评析

这两段论述了忠、信、笃、敬的处世之道。“言忠信，行笃敬”，是儒家的处世哲学，也是中国传统社会坚持的待人接物的基本原则。袁采先分别对“忠”“信”“笃”“敬”的内涵进行了诠释，强调奉行这些基本原则，不做损人利己之事，才能获得别人的敬重。此后，作者进一步强调对于忠、信、笃、敬的处世原则，首先应该从自身做起，严于律己，宽以待人。因为人的觉悟与修养有别，不必强求别人都能像自己一样。如此待人接物，人际关系才能和谐。这些观点今天看来一点也不过时，值得我们借鉴！

原文

今人有为不善之事，幸希望，庆幸其人之不见不闻，安然自得，无所畏忌。殊不知人之耳目可掩，神之聪明不可掩。凡吾之处事，心以为可，心以为是，人虽不知，神已知之矣；吾之处事，心以为不可，心以为非，人虽不知，神已知之矣。吾心即神，神即祸福，心不可欺，神亦不可欺。《诗》《诗经》。又称诗三百。是我国第一部诗歌总集。收集了从西周初期到春秋中期的305篇民歌、庙堂宴饮歌和祭祀乐歌。儒家经典著作曰："神之格来，到思语助词，不可度duó。猜度，揣测思，矧shěn。况且可射yì。同"斁"，厌倦、厌弃。斁yì思。"释者解释者以谓"吾心以为神之至也，尚不可得而窥测窥探测度，况不信其神之在左右，而以厌射厌倦，厌怠不敬之心处之，则亦何所不至哉？"

导读

当今有人做了坏事，暗自庆幸没被人发现，便心里安然，无所畏惧和顾忌。殊不知别人的耳目可以遮掩，神灵的耳目却不可遮掩。凡是我们做事情，心里认为可做，认为正确，别人虽然不知，但神已经知道了；我们做事，心里认为不可做，认为错误，别人虽然不知，但神已经知道了。我们的心就是神，神即是祸福，自己的心不可欺骗，神也不可欺骗。《诗经》说："神明的到来是不可预测的（随时会来随时会走），人们怎可懈怠不敬呢？"解释者解释为："我心中感到神明到来，但是否真正到来尚且不可揣度，何况那些不相信神明就在自己身边的人，对神明懈怠不敬，那么这些人有什么事做不出来呢？"

评析

这段关于神灵知人善恶的话，虽然看似迷信，但作者想要表达的核心意思其实是说自己的内心就是神明，为善为恶别人可以欺瞒，自己却不可欺瞒。俗话说“离地三尺有神灵”，儒家也说君子“慎独”，就是要人在有做坏事的可能且还不会被人发现时也能够遵守道德规范，像有人监督的时候一个样。做事须问是否无愧于心，做到这一条，才能说修养达到了一定的境界。

原文

人为善事而未遂成功，祷祈祷之于神，求其阴助暗里帮助，虽未见效，言之亦无愧。至于为恶而未遂，亦祷之于神，求其阴助，岂非欺罔欺骗蒙蔽。罔wǎng，蒙蔽，诬！如谋为盗贼而祷之于神，争讼无理而祷之于神，使假使神果从其言而幸中，此乃贻怒于神，开其祸端耳。

导读

人做好事而不能成功时，祈祷于神灵，求神暗中相助，虽然没有见到成效，说来也没有可惭愧的。至于作恶而不能成功时，也祈祷于神灵，求神暗中相助，这岂不是欺蒙神灵？如果密谋盗窃而祈求神灵保佑，打官司无理而祈求神灵护佑，假使神灵果真按照你的请求而助你成功，这不过是惹怒神灵，自己开启了灾祸之门罢了。

评析

这段是前一段议论的继续，劝说世人为恶者祈祷神灵毫无用处，神灵不会护佑那些为恶者。作恶到头终有报，还是积德行善为好。

导读

大凡人们自己行为公平正直的，可以以此来侍奉神灵，而不能仗此怠慢神灵；可以以此来对待他人，而不能仗此来自傲于人。即使孔子这样的圣贤也有敬畏鬼神、侍奉大夫、畏惧德行高尚者的言论，何况一般人呢！自己做事不合乎道义时，心中应有歉疚之意，常怀畏惧之心，这样才能远离灾祸，保全自身。至于说君子偶尔也会遇到一些灾祸，多半是他过于自负所致。

原文

凡人行己公平正直者，可用因此以事服侍，侍奉神，而不可恃此以慢怠慢神；可用此以事人，而不可恃此以傲人。虽孔子亦以敬鬼神、事大夫、畏大人为言，况下此者哉！彼有行己不当理者，中内心有所慊qiàn。歉疚，遗憾，动辄动不动就，常常知畏，犹能避远灾祸，以保其身。至于君子而偶罹lí。遭受于灾祸者，多由自负以召致之耳。

评析

敬畏之心的培养是思想品德修养应有的内涵。“动辄知畏，犹能避远灾祸，以保其身。”真是至理名言！人有敬畏之心，才能不胡作非为；人有敬畏之心，才能恪守基本道德规范。现在有些人正是缺少了敬畏之心，才会无知者无畏，什么坏事都敢做。

原文

人之处事，能常悔往事之非，常悔前言之失，常悔往年之未有知识，其贤德之进（进步），所谓长日（指冬至节。冬至以后，日长一日，故称）加益而人不自知也。古人谓"行年（经历的年岁。指所届年龄）六十，而知五十九之非"者，可不勉哉！

导读

人们处世，能经常后悔自己做错的往事，经常后悔过去说错的话，经常后悔过去的无知，那么他在品德修养方面就有了长足的进步，对这种渐进的进步，人们往往自己意识不到。古人说"年届六十，而觉察过去五十九年之非是"，我们难道不该自勉吗！

评析

人与动物的不同之处是人能反省自己，积累经验，吸取教训，所以人才成了万物之灵。曾子说"吾日三省吾身"，只有这样，人才能不断超越自己。

导读

平常人们如果做坏事情而不成功，实在不该怨天尤人，这实际上是上天对此人的垂爱，使他最终避免遭受祸患。如果见到别人做坏事经常能如愿以偿的，绝不应该羡慕他，因为这是上天在抛弃他。等到干的坏事积累到一定程度，就会消灭他。这若不在他自己身上得到报应，就会祸及他的子孙。姑且等待一段时间，自然会看到这种报应。

原文

凡人为不善事而不成，正不须怨天尤人，此乃天之所爱，终无后患。如见他人为不善事常称意者，不须多羡，此乃天之所弃（抛弃，摒弃）。待其积恶深厚，从而殄灭（消灭，灭绝。殄 tiǎn）之。不在其身，则在其子孙。姑（姑且）少（稍稍）待之，当自见也。

评析

报应自然是一种迷信观念，但作者倡导的扬善抑恶思想是应该肯定的，即便是今天的社会也是如此。

原文

人有所为不善，身遭刑戮（受刑罚或被处死。戮，杀），而其子孙昌盛者，人多怪之，以为天理有误。殊不知此人之家，其积善多，积恶少，少不胜多，故其为恶之人身受其报，不妨福祚（福禄，福分）延及后人。若作恶多而享寿富安乐，必其前人之遗泽（留下的德泽）将竭（尽），天不爱惜，恣（放纵，无拘束）其恶深，使之大坏也。

导读

有的人做了坏事，受到刑律的惩罚甚至被处死，而他的子孙们却兴隆昌盛，人们往往会感到奇怪，以为天道也有失误。殊不知这种人家里，祖辈们积累的善行较多，积累的恶行较少，善行多于恶行，因此其中做恶之人自身受到报应就够了，不妨碍祖上积善带来的福分惠及后代。如果做了很多坏事依然长寿，享受富裕安逸的生活，必定是此人祖上遗留下来的福泽快要枯竭了，这样上天就不会再护佑、怜惜他，反而纵容他，让他的罪恶更为深重，最后上天必然使他遭到应有的报应。

评析

这段依然说的是善恶自有报应，其中恐怕没有多少科学道理，只能给善良的人们以心理安慰而已。

导读

人如能善于忍耐，并且逐渐习以为常，以至于别人对他施加的按照常理根本无法忍受的事情，他也能处之泰然，如往常一样。人如不能善于忍耐，也会逐渐习以为常，以至于别人对他有一点小小的怨恨他就当作大仇。本来不值得深较，他也总是责骂不已甚至诉诸官司，不到取胜决不罢休。然而他不明白自己失去的东西远远要比得到的东西多得多。人如果有自己的主见，不为外界所干扰，那么他的身心岂不得到极大的安宁！

原文

人能忍事，易以习熟（习以为常），终至于人以非理相加，不可忍者，亦处之如常。不能忍事，亦易以习熟，终至于睚眦（yá zì。借指极小的仇恨）之怨，深不足较者，亦至交詈争讼，期以取胜而后已，不知其所失甚多。人能有定见（明确的见解或主张），不为客气（宋代儒者以心为“本体”，以发自情感的生理之性为“客气”。此指外界因素的干扰。）所使（役使，驱使），则身心岂不大安宁！

评析

这段话说的是容人的修养。袁采劝人要心胸宽阔，有容人之量。忍耐能看出一个人的气魄与度量。善于容人，人们之间的矛盾冲突就容易化解，人际关系就会和谐。“睚眦必报，得不偿失”，这种观点自有合理之处，但要人对别人施加的按照常理根本无法忍受的事情也处之泰然，就显得有些迂腐了。

原文

人之平居平日，平素，欲近君子而远小人者。君子之言，多长厚恭谨宽厚端谨端正谨饬，此言先入于吾心，乃吾之临事，自然出于长厚端谨矣；小人之言，多刻薄浮华讲究表面上的华丽或阔气而不务实际，此言先入于吾心，及吾之临事，自然出于刻薄浮华矣。且如朝夕闻人尚气好胜，意气用事好凌líng。侵犯，欺侮人之言，吾亦将尚气好凌人而不觉矣；朝夕闻人游荡游乐放荡不事绳检约束之言，吾亦将游荡不事绳检而不觉矣。如此非一端，非大有定力自控能力，必不免渐染之患也。

导读

人们日常生活中，都希望亲近君子而远离小人。君子的言论，大多端庄严谨，有长者风范。这种话先记在我们的心中，等遇到问题的时候，我们也自然而然会做到端庄严谨；小人的言论大多刻薄虚浮，如果这种言论先进入我们的心中，等我们遇到问题时，也自然而然会有刻薄虚浮的言论。正如整天耳边听到的都是盛气凌人的话，我们也会变得盛气凌人而毫无觉察；整天听那些不正当的人口无遮拦的话，我们也会变得这样却不自知。像这样的情况出现得多了，假如没有很强的自控能力，必然免不了会沾染恶习。

评析

《孔子家语》说："与善人居，如入芝兰之室，久而不闻其香，即与之化矣；与不善人居，如入鲍鱼之肆，久而不闻其臭，亦与之化矣。"这话是说，与品德高尚的人交往，就好像进了摆满芳香的芝兰花的房间，时间久了就闻不到兰花的香味了，因为自己和香味融为一体了；和品行低劣的人交往，就像进了卖臭咸鱼的店铺，时间久了就闻不到咸鱼的臭味了，这也是因为自己与臭味融为一体了。古训也说，"近朱者赤，近墨者黑"，"蓬生麻中，不扶自直；白沙在涅，与之俱黑"。正因如此，我们的先贤尤其强调子弟与人交往要慎重，要交"益友"，不要交"损友"。

原文

老成之人，言有迂阔不切合实际，而更事经历世事为多。后生青年虽天资聪明，而见识终有不及。后生例照旧，惯例以老成为迂阔，凡其身试见效效验之言欲以训后生者，后生厌听而毁诋诋毁，诽谤者多矣。及后生年齿年龄渐长，历事渐多，方悟老成之言可以佩服，然已在险阻艰难备尝之后矣。

圣贤犹不能无过，况人非圣贤，安得哪能每事尽善好，完美？人有过失，非其父兄，孰谁肯诲责？非其契爱友好，亲爱，孰肯谏谕jiàn yù。规劝晓喻？泛然一般的相识，不过

导读

见多识广、成熟稳重的人，言论有时显得不大切合实际，但他们阅历丰富。年轻人虽然天资聪颖，但其人生阅历和见识到底不如他们。年轻人总认为他们的言论迂腐不合实际，所以当他们用自己亲身经历的事情来教导年轻人时，年轻人不喜欢听反而诋毁他们的居多。等到年轻人年岁渐渐增长，阅历渐渐丰富，才体悟到他们的话是多么值得佩服，然而这已是他们吃了很多苦头之后的事了。

圣贤尚且不能不犯过错，何况一般人并非圣贤，怎么能够每件事都做得尽善尽美呢？一个人有了过失，如不是他的父母兄长，谁肯教诲告诉他？不是他情投意合的好友，谁肯规劝他？关系一般的人，不过在背地里议论

议论他罢了。品行高尚的君子惟恐自己犯错，暗地里察访别人对自己的议论，听到这些议论就会感谢别人并考虑改正；小人不然，他们听到别人的议论，就喜欢强行替自己辩解，甚至断绝与朋友的关系，还有的人为此而闹上公堂。

背后窃讥之耳。君子惟恐有过，密访暗中访察人之有言，求谢而思改；小人闻人之有言，则好为强辩硬辩。把无理的事硬说成有理，至绝往来，或起争讼者有矣。

评析

这两段，第一段讲年轻人要虚心向年长者求教，因为他们阅历丰富。吸取年长者的经验教训，可以少走弯路。第二段是讲对待别人批评的态度：有则改之、无则加勉。这样才能不断进步。

原文

言语简寡简略，稀少，在我，可以少悔；在人，可以少怨。

人之出言举事说话做事，能思虑循省检查，省察，而不幸有失，则在可谏可议之域范围。至于恣其性情，而妄言妄行，或明知其非而故为之者，是人必挟其凶暴强悍以排排斥人之议己。善善于，擅长处乡曲者，如见似此之人，非惟不敢谏诲规劝教诲，亦不敢置于言议之间，所以远侮辱也。尝见人不忍平昔所厚亲近，敬重之人有失，而私纳暗中进谏忠言，反为人所怒，曰："我与汝至相厚，汝亦谤我耶！"孟子名轲，字子舆。战国时期思想家、教育家。儒家学派代表人物曰："不仁者，可与言

导读

说话简短且不多言，对于自己来说，可以减少因为言多易失造成的后悔；对于别人来说，可以减少人对自己的抱怨。

说话办事，如能深思熟虑并不断反省，这样即使不幸有了过失，也在可以规谏劝告的范围之内。至于那种口无遮拦、任性妄为，或者是明知道事情不对却非要故意去做的人，必定会凭借其凶暴、强悍来排除别人对自己的议论。善于处理乡亲邻里之间关系的人，如果看到类似这样的人，不但不敢对他进行规劝教诲，就是听到别人议论他也要躲开，这就是为了避免受到他的侮辱。我曾经见过有人不忍心平时交谊深厚的人犯下过失，私下忠言相劝，反倒引起那人的恼怒。那人说："我与你交情深厚，怎么连你也来诽谤我？"孟子说："不讲仁义的人，

怎么能够与他交谈呢？”所以，心地不善的人，虽然人们都厌恶他，但这种人对别人也有益处。因为一般人见了不善的人大都会警醒恐惧，从而避免自己做出不善的举动。如果一个人从来都见不到不善良的人，不能引以为戒，就可能会行为放肆，以至于自己做了坏事而不自觉。所以，如果家里没有不善之人，那么孝敬父母、友爱兄弟的品行就不会彰显出来；乡里没有不善之人，那么诚实敦厚的行为也不会彰显出来。这就好比磨刀石，它自身虽被磨损了，刀斧等却依靠它而变得锋利。老子说：“不善良的人乃是善良人的借鉴。”说的就是此理。如果一个人见到不善之人却要与他一起作恶，甚至要和他比一比谁做得更甚，这样做只会有损自己罢了，有什么益处呢？

哉？”以此，不善人虽人所共恶（共同厌恶），然亦有益于人。大抵见不善，人则警惧，不至自为不善。不见不善，人则放肆（毫无顾忌），或至自为不善而不觉。故家无不善人，则孝友（孝顺父母、友爱兄弟）之行不彰（明显）；乡无不善人，则诚厚（忠诚，厚道）之迹不著（显著）。譬如磨石，彼自销（同“消”，消耗）损（减损）耳，刀斧资（依靠）之以为利。老子云：“不善人乃善人之资（帮助，借鉴）。”谓此尔。若见不善人而与之同恶相济，及与之争为长雄（为首，称雄），则有损而已，夫何益？

评析

这两段话是说言语方面的修养。俗语说“病从口入，祸从口出”，袁采的告诫颇有道理。另外，他论述的与不善之人交往的辩证观点，也对今天的人们具有教育和启迪意义。他告诉我们，要从品行不端的人身上吸取教训，引为鉴戒，这样有利于自己的修养。

宴客切勿流連

原文

勉劝勉人为善，谏劝告，劝诫人为恶，固是美事，先须自省。若我之平昔自不能为，岂惟何止人不见听，亦反为人所薄看轻，鄙薄。且如己之立朝指在朝为官可称，乃才可诲人以立朝之方；己之临政亲理政务有效，乃可诲人以临政之术；己之才学为人所尊，乃可诲人以进修进德修业之要；己之性行品性行为为人所重，乃可诲人以操履操守之详；己能身致富厚，乃可诲人以治家之法；己能处父母之侧而谐和无间，乃可诲人以至孝之行。苟为不然，岂不反为所笑！

导读

勉励赞扬做好事的人，劝诫做坏事的人，这当然是好事，但是必须自己先行反省。如果自己平时也做不到的事却要去劝告别人，人家不但不听，自己反而要被别人鄙视。这就如自己在朝为官有被人称颂的地方，才可以用自己的为官之道教诲别人；自己处理政务卓有成效，才能教人处理政务的方法；自己的才学被人尊崇，才能教人用来进德修业的方法；自己的品性德行受人尊重，才能向别人指明加强修养的途径；自家能发家致富，方能教人治家的经验；自己能与父母住在一起而和睦相处，才能教诲别人仿效自己的孝道行为。假如自己都做不到却要去教诲别人，岂不反为别人耻笑吗？

评析

孔子说："夫仁者，己欲立而立人，己欲达而达人。"意思是有仁德的人，自己想要成功先要帮助别人成功，自己渴求宽容豁达先要对别人宽容豁达。这是儒家的修身正己之道，自己行为端正、品德高洁才可以去教化他人、治理民众。我们每个人在自己谋求生存发展的时候，也要帮助他人生存发展，而且要"正人先正自己"。现在有些人，尤其是一些领导干部，忽视自身修养，导致"台上他讲，台下讲他"，毫无号召力和认同度。人们都应该从袁采的话里反省自己，这样才能进德修业。

原文

乡曲有不肖子弟，耽酒好色，博弈游荡，亲近小人，豢养（驯养，喂养。豢 huàn，喂养，此指喂养宠物）驰逐（奔驰追赶。这里指骑马射猎），轻于破荡家产，至为乞丐窃盗者，此其家门厄（è。灾祸，厄运）数如此，或其父祖稔恶（罪恶深重。稔 rěn，事物酝酿成熟）至此。未闻有因谏诲而改者，虽（即使）其至亲，亦当处之无可奈何。不必谎谎（náo náo。争辩，论辩），徒厚（增加，加重）其怨。

人有出言至善，而或有议之者；人有举事至当，而或有非之者。盖众心难一，众口难齐如此。君子之出言举事，苟揆（kuí。揣测）之吾心，稽（jī。考核）之古训，询之贤者，于理无碍，则纷纷之言皆不足恤（忧虑），亦不必辩。

导读

乡里有些不三不四的子弟，沉迷于酒色，赌博游荡，整天与小人交往，喂养鸡狗，骑马射猎，轻的败坏了家业，重的甚至沦为乞丐、盗贼，像这样实在是家门不幸，或许是他们的父祖辈作恶太多造成的恶果。从没有听说这些人有因别人劝诫而改好的，即使他们最亲近的亲属，对他们也无可奈何。对这样的人不要和他们多费口舌，否则只能加重他们对你的怨恨。

有人说话善意得体，尚且还有对他非议的人；有人做事极为妥当，尚且还有认为他不好的人。这大概是众人心思难以一致、众人议论难以整齐划一导致的。君子说话办事，如果能本着自己的良心，参考古圣先贤的教训，请教当代的贤者，这样做出事来就合乎情理，那么别人纷乱错杂的议论都不必忧虑，也不必去跟他们自古圣贤，当代宰辅辅政大臣，一时守令，皆不能免，况居乡曲，同为编氓编入户籍的平民，尤其无所畏，或轻议己，亦何怪焉？大抵指是为非，必妒忌之人及素平日，一向有仇怨者，此曹辈，类何足以定公论，正当勿恤勿辩也。

争辩。自古以来的圣人贤者，当代的宰相政要，为官一时的太守县令，都不能免遭别人议论，何况居住在乡村中的普通人，同为平民百姓，就更不应该害怕别人的议论了，有人轻易地议论自己，那又有什么奇怪的呢？大约颠倒是非的人，必定是妒忌别人的人，或者是平素就和自己有仇怨的人，这类人的话怎么能定为公论呢？对此正当不放心上，不予辩解才好。

评析

前一段说的是对那些沉迷于酒色、赌博游荡、整天与小人交往的人不必多加劝说，否则不仅无效，还会增加他们的怨恨。这自然是事不关己、明哲保身的观点。但有时对这样的人又的确只能这样："独善其身！"

后面一段告诫人们的话，与西方哲人"走自己的路，让别人去说吧"的名言具有异曲同工之妙。身正不怕影子斜，自己坐得端，行得正，管别人议论干吗？

原文

人有善谀我之美，使我喜闻而不觉其谀（yú。谄媚，奉承）者，小人之最奸黠（奸诈狡猾。黠 xiá）者也。彼其面谀吾而吾喜，及其退与他人语，未必不窃笑我为他所愚（愚弄）也。人有善揣人意之所向，先发其端（先提出别人想说的话头），导而迎（迎合）之，使人喜其言与己暗合者，亦小人之最奸黠者也。彼其揣我意而果合，及其退与他人语，又未必不窃笑我为他所料（料想，预知）也。此虽大贤，亦甘受其侮而不悟，奈何？

导读

有些人善于当面说我的好话，让我喜欢听他的奉承话而不觉得他是在阿谀奉承，这是小人中最奸诈狡猾的一种。他当面奉承我使我喜欢，等他回去与别人谈论起来，未必不会嘲笑我被他愚弄了。有些人善于揣摩别人心思，交谈时先找别人感兴趣的话题，以达到引导、迎合别人心思的目的，使别人为他的言论与自己的不谋而合而高兴，这也是小人中最奸诈狡猾的一种。他揣摩我的意思而果然与我相符合，等他回去和别人谈起来，又未必不嘲笑我的心思早被他料到了。即使是非常贤明的人，也甘愿受这种小人的欺侮而不醒悟，这真是无可奈何啊！

评析

这里就如何对待那些阿谀逢迎之人提出了忠告：不要被当面恭维你的人蒙蔽，这种人往往是小人中最奸诈狡猾的一种人。孔夫子也告诫我们说："巧言令色，鲜矣仁！"意思是善于溜须拍马、花言巧语的人很少心存善良。与人交往，应该切记！不然上了这种人的当，后悔晚矣！

原文

人有詈人而人不答者，人必有所容也。不可以为人之畏我而更求以辱之。为之不已，人或起而我应起来回应我，恐口噤jìn。口紧闭而不能出言矣。人有讼人而人不校同“较”，计较者，人必有所处也，不可以为人之畏我，而更求以攻之。为之不已，人或出而我辩，恐理亏而不能逃罪逃避罪责也。

导读

有人辱骂人家而那人不理会他，那个人必定有涵养，能容人。绝不可以认为这是别人害怕自己，而更变本加厉地去侮辱人家。如果总是这样做，人家就会起来反击我们，到那时我们恐怕就会吓得说不出话来了。有人与人家争讼，而人家不与他计较，这是人家有自己的考虑，千万不要误认为人家害怕自己，而更加严厉地攻击人家。攻击没完没了时，人家就会站出来与我们辩论是非，我们恐怕就会因理亏而无法逃避罪责了。

评析

对辱骂人的人宽容不无道理，但也不能任由他们！因为这样可能纵容邪恶。有理、有节、善于斗争，应该是对待这种人的原则。

导读

亲戚朋友，即便在关系极其融洽、交情极其深厚的时候，也不可以把自己的隐秘事情全都告诉他。恐怕一旦双方失和，那么从前所说的话就成了他人和你发生争讼时凭借的资本。还有即便在与人关系不好时，也不要用太过分的言辞攻击人家，恐怕怒气平息后还要与他和好甚至结为亲戚，那样的话，想起以前说的那些过分的话就会感到羞愧了。大概人们在怒不可遏时，切不可揭露别人隐私忌讳的事情，揭露别人祖、父辈所做过的坏事。人被一时的怒气驱使，一定要揭人短处来攻击人家，不知道人家对自己恨之入骨。古人说“伤人的言语，比刀枪剑戟还要厉害”，就是这个意思。俗语也说：“打人莫打膝，说人莫揭短。”

原文

亲戚故旧故交旧识，人情厚密亲密之时，不可尽以密私之事语之，恐一旦失欢，则前日所言，皆他人所凭以为争讼之资凭借。至有失欢之时，不可尽以切实之语加之，恐忿气既平之后，或与之通好和好结亲，则前言可愧。大抵忿怒之际，最不可指其隐讳因有难言之隐或忌讳而隐瞒不说之事，而暴pù。显露，暴露其父祖之恶。吾之一时怒气所激，必欲指其切实而言之，不知彼之怨恨深入骨髓。古人谓“伤人之言，深于矛戟”是也。俗亦谓“打人莫打膝，道人莫道实”。

评析

袁采的话真是至情至理，说该说的话，不该说的不说，“病从口入，祸从口出”永远是真理。另外，袁采引用的俗语 “打人莫打膝，道人莫道实”是与人交往的基本准则。就事论事，揭人隐私和短处是最伤人的，也最易引起对方的恼怒。

导读

亲朋好友之间，因为说话不当而翻脸的，未必都因为说的话伤害了别人，很多是由于态度、语气粗暴激怒了别人。比如劝谏别人的短处，话语虽然恳切直率，却能和颜悦色，平心静气，即使不被对方采纳，也未必会惹怒对方。如果平常说话本来没有伤人的地方，但声色俱厉，即使对方不恼怒，也会引起人家怀疑。古人说，“在家里生了气，到外面也会带着怒容”，在气头上与别人说话，一定不会谦虚恭谨。别人不知道发火的原因，怎能不怪罪你呢？因此在盛怒之下与人交谈时尤其要加以警惕。前辈曾经说过：“喝酒后戒多语，吃饭时忌生气，忍受难以忍受的事，不与自以为是的人争论。”经常能坚持这样做，对自己大有好处。

原文

亲戚故旧，因言语而失欢者，未必其言语之伤人，多是颜色（脸色）辞气（语气，口气）暴厉，能激人之怒。且如谏人之短，语虽切直（恳切率直），而能温颜下气（面容温和，低声下气），纵不见听，亦未必怒。若平常言语，无伤人处，而词色（言语和神态）俱厉，纵不见怒，亦须怀疑。古人谓“怒于室者色（脸色）于市（人众之处）”，方其有怒，与他人言，必不卑逊（谦虚恭谨）。他人不知所自，安得不怪！故盛怒之际，与人言语，尤当自警。前辈有言：“诫酒后语，忌食时嗔（chēn。怒，生气），忍难耐事，顺自强人。”常能持此，最得便宜。

评析

这段继续谈论交往中言谈举止方面的修养，指出与人交谈，即便是亲戚朋友，也要注意说话的方式、语气、神态等，不然可能因这种小节不慎而伤害了对方，尤其是生气时更要格外注意。

导读

年纪大的人，在乡里所以受人尊敬，是因为他们在年龄等方面都和自己的父母相近。然而，乡里也有年纪虽大却品德不良的人，认为法律不会惩罚自己了，动不动就辱骂别人而不知惭愧羞耻。有修养的人对这种人应该宽容，不必与他计较。

与人交往，不管对方地位高低，态度上必须温和亲切，切不可妄自尊大，过分讲究外表和穿着。如果言谈举止一副高高在上的派头，那么谁愿意与你接近呢？但是也不能过分亲昵、行为轻浮。喝酒聚会的时候，本来应该高歌欢笑，尽情畅饮，若嘲讽讥笑，恐怕会触犯别人忌讳的事，这样就会引起争吵。

原文

高年之人，乡曲所当敬者，以其近于亲也（指年岁接近于自己的双亲）。然乡曲有年高而德薄（德行浅薄）者，谓（认为）刑罚不加于己，轻詈辱人，不知愧耻。君子所当优容（宽待，宽容）而不较也。

与人交游，无问高下，须常和易（温和平易），不可妄自尊大，修饰边幅（讲究外表、形式）。若言行崖异（高傲，不同于常人），则人岂复相近！然又不可太亵狎（xiè xiá。轻慢，不庄重。）。樽酒（饮酒。樽 zūn，酒杯）会聚之际，固当歌笑尽欢，恐嘲讥中触人讳忌，则忿争兴焉。

评析

平等相待，不因对方地位高低、贫富而态度迥异，这是做人和朋友交往必须坚持的基本原则。举止傲慢、妄自尊大的人只会让人看不起，既得不到别人的尊敬，也交不了真正的朋友。同样，长辈对晚辈也必须尊重，否则也不会得到对方的尊重。

原文

行高品性高洁人自重，不必其貌之高；才高人自服，不必其言之高。

居乡曲间，或有贵显之家，以州县观望旁观不介入。意为包庇放纵而凌人者，又有高资富有资财之家，以贿赂公行公开进行而凌人者。方其得势之时，州县不能奈何，鬼神犹或避之，况贫穷之人，岂可与之较？屋宅坟墓之所邻，山林田园之所接，必横加残害，使归于己而后已。衣食所资，器用之微，凡可适宜其意者，必夺而有之。如此之人惟当逊退避，退让而避之，逮等到其稔恶之深，天诛之加，则其家之子孙自能为替其父祖破坏，以与乡人复仇也。

导读

品行高尚的人自然会受人敬重，他的容貌不一定多么出众；才能高超的人自然会受人佩服，他的言论不一定有多么高明。

居住在乡里，有显贵人家，倚仗州县官长的包庇而欺凌他人；还有一些有钱的人家，靠公然贿赂官府而欺凌他人。这些人在得势的时候，州县衙门都拿他们没有办法，甚至连鬼神都避让他们，何况一般的贫穷百姓，怎么可以与他们较量呢？这些胡作非为的人，对于相邻的房屋和坟墓，以及接壤的山林、田园，必定横加残害，直至弄到自己手里方才罢休。即使是别人吃的穿的用的，凡是他喜欢，必定想办法夺取占有。对于这种人只能避让他，等到他罪孽深重之时，上天自会惩罚他，那时他家的子孙后代就会出败家子，破坏他们的祖业，这就为乡里的人报了仇。

乡里还有一些擅长打官司的人，把持着舆论的是非曲直，对案件妄加议论，以致追比侵扰，连州县衙门也不敢治他们的罪。还有的仗着家里人多势众，纠集凶恶之徒，强夺人家的东西，如果别人不给，他们就聚众殴打人家。此后，他们又去州县官府行贿，这样他们的暴行最终得不到惩治。这样的恶人也不一定非要追究不放，等到他们恶贯满盈，老天加以惩罚，他们就会自己落入法网。那时候，他们即使再想招数也无济于事了。大凡做坏事而幸免于惩治的，必定在日后无缘无故地受到报应，这就是所谓“天网恢恢，疏而不漏”。

乡曲更有健讼善于打官司之人，把持短长控制舆论，妄有论判定讼，以致追扰追比侵扰。追，追比，指官吏限定时间命令吏役办某事，如违期则受杖责，叫“追比”，州县不敢治其罪。又有恃其父兄子弟之众，结集凶恶，强夺人所有之物，不称意则群聚殴打。又复贿赂州县，多不竟其罪。如此之人，亦不必求以穷治彻底追究，逮其稔恶之深，天诛之加，则无故而自罹于宪网法网，有计谋所不及救者。大抵作恶而幸免于罪者，必于他时无故而受其报，所谓“天网恢恢，疏而不漏”也。

评析

这几段还是谈怎样与品行不端的人打交道。品行端正、道德修养良好的人是不会倚仗权势欺凌别人的，而仗势欺人、横行霸道的人一定会恶有恶报，古代社会如此，今天依然如此。

原文

乡曲士夫读书人，有挟xié。怀藏，凭借术技巧。指心机以待人，近之不可，远之则难者，所谓“君子中之小人”，不可不防。虑担心，害怕其信义有失，为我之累也。农、工、商、贾、仆、隶皂隶，衙役之流，有天资忠厚可任以事、可委以财者，所谓“小人中之君子”，不可不知。宜稍抚之以恩，不复虑其诈欺也。

士大夫居家能思居官之时，则不至干请干谒请求把持专揽，控制而挠干预时政；居官能思居家之时，则不至狠愎凶狠固执。愎bì，固执任性暴恣暴戾恣肆而贻人怨。不能回思者皆是也。故见xiàn。同“现”任官每每称寄居

导读

乡村里的读书人，有的待人接物时耍心眼，亲近他不可，远离他也难。这就是所谓“君子中的小人”，对这种人不能不防。要想到他不讲信义，连累自己。在农民、手工业者、商人、小贩、奴仆、衙役这一类人中，有些天性忠厚诚实，可以把事托付给他去办理，可以把财物托付给他保管，这些就是“小人中的君子”，不可不了解。应该以恩惠来安抚他们，不用担心他们会欺诈。

士大夫闲居在家时，能思索一下做官时的所作所为，就不至于再去干预政务了；做官时能想想居家时的情景，就不至于刚愎自用、暴戾恣肆而遭人怨恨了。可惜不善于反省过去的人比比皆是啊！因此在任官员往往说赋闲

官员可恶，赋闲官员也经常说在任官员的不对，连人家做得好的地方也一并掩盖抹杀了。

暂居家官之可恶，寄居官亦多谈见任官之不韪（不对，过错。韪 wěi，是，对），并与其善者而掩之也。

评析

袁采的第一段话是讲，人的身份地位有高低，但人的品性不是由此决定的。所以我们对待别人要看他的品德修养，而不是身份地位。第二段是讲无论是不是在职官员，都要设身处地想一想，不要只看到别人的不足。

原文

忠信二事，君子不守者少，小人不守者多。且如小人以物市卖于人，敝恶破旧之物，饰装饰为新奇；假伪之物，饰为真实。如绢帛之用胶糊，米麦之增湿润，肉食之灌以水，药材之易以他物。巧其言词，止同"只"于求售，误人食用，有不恤顾及也。其不忠也类如此。

负欠人财物，久而不偿，人苟索之，期约定期限以一月，如期索之，不售兑现，又期以一月，如期索之，又不售，至于十数期而不售如初；工匠制器制造器皿，要其定资，责其所制之器，期以一月，如期索之，不得，又

导读

"忠""信"两个道德规范，君子不遵守的少，小人不遵守的多。正如小人在市场上卖东西，质量低劣的东西，可以装饰得新颖奇特；假冒伪劣的东西，也能做得跟真的一样。譬如用胶糊涂抹在绢帛上使之更有光泽，把大米、小麦增湿，在肉里灌上水，用其他假的东西来代替药材。花言巧语，只是想把低劣的东西卖出去，使消费者误食误用而不顾。这些商贩就是这样不讲忠实。

欠人钱财物品，很久也不偿还，人家如果索要，他就约期一月偿还，到期不能兑现，又延期一月，到期索要，仍然不能兑现，以至于十多次约定偿还日期可终究不还；工匠制造器皿，付给他定金，向他定制器物，约好一个月后做好，到了日期向他要，他说没有做好，说再过一个

月一定给，可再过一个月后向他要时他又说没有做好，以至于约定了十多次日期还是像原来那样没能拿到定制的东西。这些人不讲信义到了这种地步，至于其他事情就更是不胜枚举了。那些小人每天都做不讲信义的事，根本就不以为怪，而君子对这些行为却深感愤慨，直想惩罚他们，甚至于殴打控告他们。如果君子能够经常自我反省，不做不忠不信的事，原谅这些小人的无知，考虑到他们之中有些也是出于不得已为保证自己的利益才这样做的，这样想一想，也就不再把他们的所作所为放在心上了。

期以一月，如期索之，又不得，至于十数期而不得如初。其不信也类如此，其他不可悉数（一一尽述。数 shǔ）。小人朝夕行之，略不（丝毫不）知怪，为君子者往往忿懥（发怒。懥 zhì，忿恨、愤怒的样子），直欲深治（惩罚，惩办）之，至于殴打论讼。若君子自省其身，不为不忠不信之事，而怜小人之无知，及其间有不得已而为自便（自利）之计，至于如此，可以少置之度外也。

评析

这两段是对遵守“忠”“信”两个道德规范的论述。看来，以假充真、以劣充优、掺杂使假、拖欠别人钱物自古已有之，至少宋代就很猖獗了。但解决的方法绝对不是像袁采所言，只求心理得到安慰，而是要将教化和法律惩罚结合起来。

原文

张安国（张孝祥。字安国，号于湖居士。南宋文学家）舍人（古代官名。宋代以来称呼官宦人家子弟为舍人，相当于"公子"。张安国父亲为官，故称）知抚州日，以有卖假药者，出榜戒约（告诫约束）曰："陶隐居（陶弘景。字通明，号华阳隐居。南朝医药家、炼丹家、文学家。著《本草经注》）、孙真人（孙思邈。隋唐时期医药学家。著《千金要方》《千金翼方》）因《本草》《千金方》济物利生，多积阴德，名在列仙。自此以来，行医货药（卖药），诚心救人，获福报者甚众。不论（不用说）方册（典册，典籍）所载，只如近时此验（证据）尤（尤其，特别）多：有只卖一真药便家资巨万（极言数目之多），或自身安荣（安康荣耀），享高寿；或子孙及第，改换门户（改换家庭的社会地位）。如影随形，无所差错。又曾眼见货卖（贩卖）假药者，其初积得些小家业，自谓得计，不知冥冥之中，自家合得禄料

导读

张安国舍人主政抚州的时候，鉴于市场上有卖假药的人，于是张贴告示，上写："陶弘景、孙思邈，因为写了《本草经注》《千金方》等，救治苍生，积阴德深厚，所以成了神仙。自他们以来，行医卖药的人，只要诚心诚意治病救人，获得福报的人甚多。不说典籍上记载的，就说近来应验的也特多：有的人只靠卖一种真药就积攒起家资数万，或是自身安享荣华、福寿延绵；也有的人获得的福报是子孙考上进士，提高了家庭的社会地位。这类事情如影随形，几乎没有不应验的。我曾亲眼看见卖假药的人，最初赚了些小钱，自认为得计，不知道在冥冥之中，自家应得的福禄钱

财都被减少了，或是自身屡遭横祸，或是子孙无缘无故地倾家荡产，甚至还有遭受莫名火灾、被雷击的人。大概买药的人多是家人重病在身求药心切，拿钱求告卖药人家，病人的孝顺子孙只希望一服药就见效，不料却被假药蒙骗延误，不但无益，反而会加重病情。平常误杀一只飞禽走兽还遭报应，何况万物之中人的性命是最宝贵的，无辜遭到祸害该多么令人悲痛！”告示内容很多，我就不一一抄录。张安国舍人这些话，何止仅仅告诫卖假药的人！任何有识之士，都应该触类旁通，引以为戒。

本指官吏除岁禄、月俸外的一种食料津贴。这里指命定财富都被减克减少，或自身多有横祸，或子孙非理破荡，致有遭天火由雷电或物体自燃等自然原因引起的大火、被雷震者。盖缘赎药买药之人，多是疾病急切，将钱告求卖药之家，孝子顺孙只望一服见效，却被假药误耽误赚诳骗，非惟无益，反致损伤。寻常误杀一飞禽走兽犹有因果，况万物之中人命最重，无辜被遭受祸，其痛何穷！”词多更不尽载。舍人此言，岂止为假药者言之，有识之人，自宜触类因类旁通。

评析

这里记载的劝诫卖假药的告示很有意思，除了因果报应之说以外，其他都是至理。

原文

市井做买卖的地方街巷，茶坊酒肆，皆小人杂处之地。吾辈或有经由经过，须当严重严肃稳重其辞貌言语和姿态，则远轻侮之患。或有狂醉之人，宜即回避，不必与之较可也。

衣服举止异众，不可游游玩于市，必为小人所侮。

居于乡曲，舆马衣服，不可鲜华鲜艳华丽。盖乡曲亲故居贫者多，在我者孑然格外突出，特别出众。孑 jié，特立，出众异众，贫者羞涩，必不敢相近，我亦何安之有？此说不可与口尚乳臭口中还有奶腥味儿。指小孩子、幼稚无知的人。臭 xiù，气味者言。

妇女衣饰，惟务洁净，尤不可异众。且如十数人同处，

导读

市井街巷，茶社酒楼，都是小人混杂的地方，我们到这些地方去的时候，言谈举止一定要严肃端庄，这样才不至于遭到轻视和侮辱。假如遇到喝得酩酊大醉的人寻衅，你也应该躲避开他，不必与他计较。

衣服举止与众不同的人，不要到街市上去游玩，否则必定会遭到小人的侮辱。

居住在乡里的人，车马、衣着不可以太华丽。因为乡里的亲友们生活贫困的居多，我们如果与他们截然不同，贫困的亲友就会因感到不好意思而不敢接近我们，我们自己又怎能心安理得呢？这些话不必与乳臭未干的孩子们讲。

妇女们穿的衣服，只要干净整洁即可，切不要与众不同。况且十来个人聚在一起，只要其中

一人的衣服鲜艳华丽与众迥异，大家就会把目光都集中在她一人身上，这样她坐立行走还能自在吗？

而一人之衣饰独异，众所指目为众人注目，其行坐能自安否？

评析

中国是文明古国，礼仪之邦，讲究衣冠整肃，言谈举止稳重端庄，正如《论语》所说：“君子不重则不威，学则不固。”君子与人交往时，如果举止不庄重，就没有威信。袁采这里谈的不要到小人混杂的市井街巷、茶社酒楼去，言谈举止要端庄，不要穿奇装异服等，今天仍然不失处世的积极意义。另外，后面一段他对妇女着装的评论，真是合于心理学的妙论！

原文

饮食，人之所欲，而不可无也，非理求之，则为饕tāo。贪食为馋；男女，人之所欲，而不可无也，非理狎之，则为奸为淫；财物，人之所欲，而不可无也，非理得之，则为盗为贼。人惟只要纵欲，则争端起而狱讼兴。圣王虑其如此，故制为礼礼仪法度，以节人之饮食、男女；制为义道义原则，以限人之取与。

君子于是这三者，虽知可欲而不敢轻形轻易表现于言，况敢妄萌生发于心！小人反是。

圣人云："不见可欲，使

导读

饮食作为人的本能需求，是不可缺少的，但如不合常理地去追求吃喝，就是贪吃之徒；男女之事作为人的本能欲望，是不可缺少的，但若采用不合理的手段去满足自己，那就是奸淫；财物人都想获得，是不可缺少的，但靠非法手段谋取就是盗贼。人只要放纵自己的欲望，就会引起争端甚至会吃官司。古代贤明的圣人君王考虑到这些问题，因而制定了礼法，以节制人的饮食和男女关系；制定了道义原则，以限制人对财物的获取和给予。

君子对于饮食、男女、财物这三种东西，虽然知道是自己的欲求，但是不敢轻易表达出来，何况是萌生妄想于心中呢！小人正好和君子的做法相反。

圣人说："看不见引起欲望

心不乱。”此最省事之要术。盖人见美食而必咽，见美色而必凝视，见钱财而必起欲得之心，苟非有定力者，皆不免此。惟能杜堵塞，杜绝其端源源头，起源，见之而不顾，则无妄想，无妄想则无过举错误的行为矣。

的东西，人们的心性就不会感到迷乱。”这是最能减少烦恼的诀窍。一般说来，人见了美食就要咽口水，见了美色就会注目凝视，见了钱财就会产生贪念，假如不是思想坚定的人，都难免如此。只有杜绝这些贪欲的根源，对这些东西视而不见，就不会产生上述妄想了，而没有了妄想，就不会在这些事情上犯过错了。

评析

这几段文字谈论的是对待饮食、男女、财物这三种东西的态度。人有七情六欲，人生世上，离不开这些东西。见了美食就要咽口水，见了美色就会注目凝视，见了钱财就会希望得到，这是人之常情。但是都要取之有道，否则轻则犯错，重则犯法。人非圣贤，袁采所谓对这些东西视而不见的观点是难以做到的，但坚守为人处世的根本道德原则则是毋庸置疑的！

原文

子弟有耽于情欲，迷而忘返，至于破家而不悔者。盖始于试为之，由其中无所见，不能识破，则遂至于不可回。

世人有虑子弟血气指气质、感情未定，而酒色博弈之事，得以昏乱使糊涂迷乱其心，寻不久至于失德破家，则拘之于家，严其出入，绝其交游交际，结交朋友，致其无所见闻，朴野蠢鄙粗野愚昧，不近人情。殊不知此非良策。禁防一弛放松，情窦指情意的发生或男女爱悦之情的萌动。窦 dòu，孔，洞顿开，如火燎原，不可扑灭。况拘之于家，无所用心，却密为不肖之事，与出外何异？不若时使……按时其

导读

子弟中有人沉迷于情欲之中而无法自拔，以至于败坏家业而不知悔悟。其起初都是想尝试一下，由于心中没有见识，不能看透后果，终于发展到了不可挽回的地步。

世上有人考虑到子弟年少，心志未定，贪图酒色、喜欢赌博这些事，会扰乱他们的心神，以至于丧失品德、败坏家业，就把他们关在家里，严禁外出，断绝他们和外界朋友的交往，这样做的结果是这些年轻子弟缺乏见闻，愚蠢鄙陋，不懂人情世故。殊不知这绝非良策。因为对他们的管教一旦放松，他们的情欲就会爆发出来，如同燎原烈火，无法扑灭。况且把他们关在家里，他们整天无所事事，反而会偷偷地做一些不该做的事，这与让他们外出有何区别？倒不如规定他们按

出入，谨其交游，虽不肖之事，习闻常闻既熟，自能识破，必知愧而不为。纵试为之，亦不至于朴野蠢鄙，全为小人之所摇荡鼓动也。

时出入，告诉他们谨慎交友，对于那些不该做的事，眼见耳闻，做到心中有数自然能够看破，必然知道羞愧而不为。纵然是想试试，也不至于因为缺乏见识而完全被小人愚弄。

评析

这两段议论的是对待情感的问题。袁采批评了一些家长担心子弟贪图酒色就将他们关在家里的做法。他认为这样做绝非良策，不如要求他们谨慎交友，对于不该做的事眼见耳闻，通过了解逐渐增加抵抗力。袁采在那种礼法甚严的社会竟然能有这种见解是十分难得的。这也给今天的家长和老师在处理青少年的问题，如早恋问题上以启示，宜“疏”不宜“堵”，否则结果会适得其反。

原文

起家兴家立业之人，生财富庶，乃日夜忧惧，虑不免于饥寒。破家之子，生事制造事端，惹事日消，乃轩昂自恣放纵自己，不受约束，谓“不复可虑”。所谓“吉人凶其吉，凶人吉其凶”。此其效验成效，效果，常见于已壮未老，已老未死之前，识者当自默喻谓暗中知晓。

起家之人，见所作事无不如意，以为智术智慧与手段巧妙如此，不知其命分犹命运偶然，志气洋洋，贪多图得。又自以为独能久远，不可破坏，岂不为造物者所窃暗中，私下里笑？盖其破坏之人，或已生于其家，曰子曰孙，朝夕环立于其侧者，皆他日为父祖破坏生事之人，

导读

创家立业的人积聚财产富裕之后，就会日夜忧虑担心，怕将来陷入饥寒交迫的境地。败坏家业的人，制造事端致使家财逐渐消耗，却还气宇轩昂地恣意妄为，说什么“将来没什么可担忧的”。这就是所说的“有福之人以吉为凶，而无福之人却以凶为吉”。这句话经常是在人们已到壮年但还未到老年，或者已到老年但还没死之前就会应验，有见识的人应当自己揣摩领会这个道理。

创立家业的人，见自己所做之事没有不称心如意的，就认为自己智谋高妙才会如此，不知这是命运里偶然的事，所以扬扬得意，贪取无度。他们还自认为家业能够永远兴盛不会败坏，这种想法岂不被造物主所耻笑？大概因为那些败坏家业的人早已出生了，或是儿子或是孙子，天天站立在他身边。这都是将来会败坏

父祖辈家业的人，只可惜他们的父祖们看不到罢了。前辈有人建造房屋，在东厢房里宴请工匠时说：“你们是建造宅第的人。”在西厢房宴享自家子弟则说：“你们是将来卖掉宅第的人。”后来果然应验了这个前辈的话。近世有个士大夫说：“眼睛能看见的，就任意地经营好；眼睛看不见的，就不用去谋划考虑。”这是有见识的君子明白有些事情是人力所不能及的，所以，他心中想得开，与那些被遮蔽迷惑的人比自然是不同的。

恨（遗憾）其父祖目不及见（不能亲眼看到）耳。前辈有建第宅（住宅），宴工匠于东庑（正房东边的廊屋。庑 wǔ，堂下周围的廊屋）曰：“此造宅之人。”宴子弟于西庑曰：“此卖宅之人。”后果如其言。近世士大夫有言：“目所可见者，漫尔（没有限制，没有约束，随意）经营；目所不及见者，不须置之谋虑（计划，思考）。”此有识君子知非人力所及，其胸中宽泰（宽舒安泰），与蔽迷（受蒙蔽而迷惑）之人如何。

评析

这两段谈“创业”和“守业”。俗话说“创业容易守业难”，创业者知道家业不易，所以克勤克俭，但殊不知后世子孙不知祖先创业艰难，坐享其成，或者挥霍无度，最终可能败坏整个家业。有远见的家长应该加强家人、子弟持家之道的教育，并订立家规制度，监督实施。这方面，浙江浦江县的郑氏家族，一直能维持数百年不衰，靠的是《郑氏规范》这部家规。这启示我们，做家长的能有远虑，才无近忧。

原文

起家之人，易于增进成立者，盖服、食、器、用及吉凶喜事或丧事百费，规模浅狭，尚循遵守，依照其旧，故日入之数多于日出，此所以常有余。富家之子，易于倾覆颠覆，覆灭破荡者，盖服、食、器、用及吉凶百费，规模广大，尚循其旧，又分其财产，立数门户，则费用增倍于前日。子弟有能省悟，速谋损减少节，犹虑不及，况有不之悟不醒悟。之为宾语前置者，何以支持乎？古人谓"由俭入奢易，由奢入俭难"，盖谓此尔。

大贵人之家尤难于保成。方其致位达到某种职位通显官位高，名声大，虽在闲冷职位清闲，其俸给俸禄亦厚，其

导读

创立家业的人，之所以能够积累财富越来越多，是因为他们花费在服装、饮食、器皿、用具及婚丧大事上的费用规模不大，都很节俭，还依照以前过穷日子的节俭传统，每天的收入总要多于支出，所以才能常有剩余。富家子弟之所以容易倾家荡产，大概是在服装、饮食、器皿、用具上花费太多，规模大了，依照传统，兄弟间又分家产另立门户，这样费用就比从前翻倍。子弟中有能省悟的，赶紧打算撙节开支恐怕还来不及呢，何况有的执迷不悟，这样怎么能把家业支撑下去呢？古人说"由俭入奢易，由奢入俭难"，说的就是这种情况。

权贵之家尤其难以保证家业永盛。当他们身居高位时，即使不负责要害部门，领到的俸禄也

馈遗获得的赠予亦多，其使令之人满前充满眼前，皆州郡廪给发给俸禄。廪lǐn，米仓，此指官库，其服食器用虽极华侈，而其费不出于家财。逮等到其身后，无前日之俸给、馈遗、使令之人，其日用百费，非出家财不可。况又析一家为数家，而用度仍旧，岂不至于破荡？此亦势使之然，为子弟者各宜量节酌量控制。

够丰厚了，别人赠送的东西也很多，伺候他们的差役仆人众多，这些费用都取之官府，他们的服饰、饮食、器皿、用具虽然都极其奢华，但费用都不用自家掏腰包。等到这些权贵死后，子孙们没有了父祖辈做官时领到的薪俸，也没有人再赠送礼物，没有免费的仆人，日常生活各种开销都不得不从自家财产中支出。况且子孙们又各自分家单过，各种花销还和以前一样，这能不使家业败落吗？当然，这也是客观情况变化造成的，做子弟的应该量入为出，持家节俭。

评析

这里还是谈论持家守成。袁采对富家子弟容易倾家荡产、权贵之家尤其难以保证家业永盛的分析鞭辟入里。“由俭入奢易，由奢入俭难”是我们永远要记住的真理和警句。这些观点对于当下社会，仍然是需要记取和借鉴的。

原文

人之居世，有不思父祖起家艰难，思与之延延续其祭祀，又不思子孙无所凭藉依靠，依赖，则无以脱于饥寒。多生男女，视如路人，耽于酒色，博弈游荡，破坏家产，以取一时之快。此皆家门不幸。如此，冒干触犯，冒犯刑宪刑法，法律，彼亦不恤，岂教诲、劝谕劝告、责骂之所能回？置之无可奈何而已。

导读

人们生活在世间，有人既不考虑祖辈、父辈创立家业艰难，应该好好继承，也不思考将来家业败落会使子孙后代失去生活依靠，难免会忍饥受冻。这些人家不加节制地生育，又对儿女视作陌生路人，一味沉溺于酒色，赌博闲游，败坏家产，以图一时的享乐。这都是家门不幸啊！这些人连触犯刑律都不怕，又怎么能用教诲、劝告、责骂的方法使他们回心转意呢？只有无可奈何、任由他们了。

评析

这里评论的是那些只管自己享乐，上对不起祖宗、下对不起子孙的人的行为。任何时代都有这种人。这类人，真是让人无可奈何！

原文

人有财物，虑为人所窃，则必缄縢扃镢jiān téng jiōng jué，意思是捆牢上锁。缄，绳；縢，绳；扃，门闩；镢，锁。皆用作动词，封识封记之甚严。虑费用之无度无节制，没有限度而致耗散减少，散失，则必算计较量，支用之甚节。然有甚严而有失者，盖百日之严，无一日之疏，则无失；百日严而一日不严，则一日之失，与百日不严同也。有甚节而终至于匮乏者，盖百事节而无一事之费，则不至于匮乏；百事节而一事不节，则一事之费与百事不节同也。所谓百事者，自饮食、衣服、屋宅、园馆、舆马、仆御、器用、玩好，盖非一端。丰俭随其财力则不谓

导读

人们有了财物怕被人偷盗，必定捆牢上锁，贴上封记。担心日常花费没有节制而耗散家财，必定会精心计算，严格节约用度。但也有精打细算，严格花销，仍然破了家产的。这是因为百日严谨而无一日疏忽，才不会破家；百日花销严谨而有一日疏忽放松，那么这一日的疏忽放松与百日的不严谨造成的后果是相同的。有人十分节俭但最后还是家产匮乏，这大概是由于百事节俭无一事浪费，才不会导致匮乏；在一百件事情上节俭，而只在一件事情上浪费，那么这一件事情的浪费与百件事情都浪费的后果也是相同的。所说的“百事”，就是饮食、衣服、住宅、园林、馆舍、车马、仆人、器物、古玩，并非一件两件。在这些方面的花费，丰富或节俭按自家财力大小来办就不算是浪

费；不量力而行，或者虽有财力却过于奢侈浪费，做那些不急需做的事，都算是乱花费。这些道理主持家事的年轻人更应该了解清楚。

之费；不量财力而为之，或虽财力可办而过于侈靡，近于不急不急切需要，皆妄费也。年少主家事者宜深知之。

评析

严谨持家，是中国传统家训的重要内容，几乎所有家训的订立者都告诫家人子孙这个道理。袁采认为百日花销严谨而有一日放松、在百件事情上节俭而只在一件事情上浪费，都会导致家业败落。家庭管理需要严格、谨慎，纵有万贯家财，如不勤俭节约，也会耗尽。

原文

中产之家，凡事不可不早虑。有男而为营生谋生，教之生业谋生的职业，皆早虑也。至于养女，亦当早为储蓄衣衾被子、妆奁嫁妆。奁 lián，女子梳妆用的镜匣。泛指精巧的小匣子之具，及至遣嫁，乃不费力。若置而不问，但称临时，此有何术什么办法？不过临时鬻田庐田地和房屋及不恤女子之羞见人也。至于家有老人，而送终之具不为素办，亦称临时，亦无他术，亦是临时鬻田庐及不恤后事之不如仪符合礼仪也。今人有生一女而种杉万根者，待女长，则鬻杉以为嫁资，此其女必不至失时误了时间。这里指误了青春时间，不能出嫁也。有于少壮之年置寿衣、寿器、

导读

中等富裕的人家，任何事情都不能不早作打算。有男孩子的人家要帮他掌握一个谋生的手段，从事一个正当的职业，这些都要及早考虑。有女孩的人家也要尽早为她置办衣服被褥、梳妆用品，这样等到她出嫁时，就不必再费力筹办了。如果对这些事都不早操办，到了跟前还有什么办法呢？到那时只能临时变卖田地、房屋，或者只好就不顾及女儿的脸面了。至于那些家中有老人的，平时不准备好送葬的东西，等事到临头也很难想出别的办法，只好临时变卖田地房产，或者根本就不顾及老人后事合不合礼仪制度。如今有人生下女儿就种下万棵杉树，等到女儿长大成人，就卖掉杉树给她做嫁妆，这样她的女儿就不至于因无嫁妆而无法出嫁了。有人在年轻力壮的时候，就置办下

寿衣、寿器和坟地，那么这个人就不至于死了三五天还没有寿衣、棺材可以装殓，死了三五年还没有墓地可以下葬了。

寿茔 yíng。墓地 者，此其人必不至三日五日无衣无棺可敛 通“殓”，给死者穿衣入棺 ，三年五年无地可葬也。

评析

这里说的是中产阶层的持家之道。告诫他们相较于富裕之家，更要凡事早做计划，未雨绸缪，特别是婚丧嫁娶这样的大事更要及早准备，以免临时抱佛脚。袁采分析得如此详细具体，令人感叹！凡事预则立，不预则废，持家尤其如此。

原文

居官当如居家，必有顾藉顾念，顾惜；居家当如居官，必有纲纪法度，纲常。

士大夫之子弟，苟无世禄可守，无常产可依，而欲为仰事俯育上侍奉父母，下养育妻儿。指维持全家生活之资，莫如为儒。其才质之美，能习进士业者，上可以取科第致富贵，次可以开门教授教授给人知识，以受束修即"束脩"。古代入学拜师的礼物。引申为教师的酬金之奉。其不能习进士业者，上可以事笔札指负责文牍的职务，代笺简书信之役，次可以习点读意指识文断句。读dòu，句读，指语句中的停顿，为童蒙之师。如不能为儒，则医卜、僧道、农圃、商贾、伎术技艺方术，凡可以养生而不至于辱先者，皆可为也。

导读

当官应当像当家一样，对百姓要像对子女一般照顾关怀；当家也应当像当官一样，用规矩制度约束家人。

士大夫的子弟，如果没有世袭俸禄可以依靠，没有固定的家产可以倚仗，还想上侍父母、下养妻儿，都不如去读书。有过人才华，能参加进士考试的，最好的是科考及第而求得富贵，不成还可以开馆授徒，靠收学费来维持生计。如果不能参加进士考试，首选从事官府文书工作，其次也可以做孩童的启蒙老师。如果做不了儒士，那么行医卜算、为僧为道、农夫花匠、商人小贩、工匠技艺等，凡是可以维持生计又不辱没先人的职业，都可以去做。

子弟游手好闲，以致沦为乞丐、盗贼，这是最辱没祖先的。世上做不了儒士，又不肯行医卜算，不肯做僧人道士、农夫花匠、商人小贩、工匠艺人而甘愿做乞丐、盗贼的人，是最应该受到谴责的。凡是那些为吃喝强颜欢笑于权贵面前，为了借贷钱物而卑躬屈膝于富人，还有到寺庙道观里讨吃讨喝而被称作“穿云子”的，都是乞丐之流。为官却蒙蔽众人、贪污受贿；居乡就欺凌愚钝羸弱之人、抢夺人家财物；私自贩运官府禁止买卖的茶盐、酒类东西的，都属于盗贼之流。世上还有这样做而不觉得羞愧的人，为什么呢？

世上凡是没有正当职业，以及虽有职业而喜欢安逸享乐、不

子弟之流荡，至于为乞丐、盗窃，此最辱先之甚。然世之不能为儒者，乃不肯为医卜、僧道、农圃、商贾、伎术等事，而甘心为乞丐、盗窃者，深可诛批判，谴责也。凡强颜于贵人之前而求其所谓应副照顾，照应，折腰于富人之前而托名于假贷借贷，游食于寺观而人指为穿云子专往各种庙宇讨饭吃的人，皆乞丐之流也。居官而掩蔽众目，盗财入己；居乡而欺凌愚弱愚夫弱者，夺其所有；私贩官中所禁茶、盐、酒、酤gū。清酒之属，皆窃盗之流也。世人有为之而不自愧者，何哉？

凡人生而无业，及有业而

原文

喜于安逸不肯尽力者，家富则习为下流卑鄙，龌龊，家贫则必为乞丐；凡人生而饮酒无算、食肉无度，好淫滥、习博弈者，家富则致于破荡破家荡产。指耗尽家产，家贫则必为盗窃。

导读

肯尽力去做的人，家庭富有他就会不务正业，成了下流无耻的人，家庭贫困，他就会去做乞丐；凡是不加节制地饮酒、吃肉、荒淫无度、沾染赌博恶习的人，家里富有他会败坏家产，家里贫困则必定去做盗贼。

评析

第一段说的是居官和居家之道。居官和居家本来是两件不同性质的事情，但两者又有相同之处。如果当官的像当家长的那样关怀爱护百姓，如果当家长的像当官的一样以制度来治家，这两件事情都能做得好。

第二、三、四段说的是士大夫子弟应当从事正当的职业谋生。作者还是主张能读书求仕的就去做儒士，但他同样认为做不了儒士，做医生、僧人、道士、农夫花匠、商人小贩、工匠等，凡是可以维持生活又不辱没先人的工作，都可以去做。作者最反对的是那些不劳而获，为了吃喝强颜欢笑于权贵，为借贷钱物而卑躬屈膝于富人，到寺庙道观里讨吃讨喝的人，应该说这种见解在当时的社会是开明的。

原文

人有患难不能济度过，困苦无所诉，贫乏不自存，而其人朴讷朴实而不善辞令。讷 nè怀愧心中惭愧，不能自言于人者，吾虽无余，亦当随力周助帮助周济。此人纵不能报，亦必知恩。若其本非窘乏穷困，贫乏，而以干谒对人有所求而拜见。谒 yè，拜见为业，挟持倚仗便佞用花言巧语逢迎人。便 pián，巧言善辩之术，遍谒贵人富人之门，过州干干求州，过县干县，有所得则以为己能，无所得则以为怨仇。在今日则无感恩之心，在他日则无报德之事，正可以不恤不顾待之，岂可割割舍吾之不敢用，以资资助他之不当用？

导读

有人遇到祸患困难无法克服，有了困苦无处诉说，穷得无法生活下去，而这人又质朴木讷、面露愧色，不好意思求助于人。遇到这样的人，我虽然手头并不宽裕，也还是要尽力去帮助、周济他。此人即使不能报答，也一定会感恩于我。如果有人本来并不贫困，只是以求人施舍为业，到权贵、富人家阿谀奉承，路过州扰州，路过县扰县，得到好处就以为自己有能耐，得不到好处就仇恨人家。这种人今天不会感人恩德，将来也不会有报答别人恩德的行为，所以对他们完全可以不管不顾，哪能以我平时都舍不得用的钱财，去资助他做不该做的事情呢？

评析

袁采主张对那些需要帮助的人尽力帮助，而对那些本来并不贫困、只是以求人施舍为业的人则不需理会，这种观点不错。因为帮助困苦、周济贫穷是中华民族传统美德，但利用别人的善心满足自己的私欲则是要不得的，这样只会纵容这些人的私心。

原文

居乡及在旅（寄居在外），不可轻受人之恩。方吾未达（得到显要的地位）之时，受人之恩，常在吾怀（心中），每见其人，常怀敬畏。而其人亦以有恩在我，常有德色（自以为对人有恩德而表现出来的神色）。及吾荣达之后，遍报（一一报答）则有所不及，不报则为亏义，故虽一饭一缣（jiān。双丝的细绢。泛指丝织品），亦不可轻受。前辈见人仕宦而广求知己，戒之曰："受恩多，则难以立朝。"宜详味（体味）此。

今人受人恩惠多不记省（知觉，觉悟），而有所惠于人，虽微物亦历历在心，古人言："施人勿念，受施勿忘。"诚为难事。

导读

居住乡里或是寄住在外，都不能轻易接受人家的恩惠。在我尚未发达时，受了人家的恩惠，常常要记在心里，每次见到施惠的人，都会感到敬畏。而那人也因为有恩于我，也常常在神色上表现出来。等到我荣耀发达以后，要想报答所有有恩于我的人，恐怕也很难做到，不报答人家又觉得道义有亏。因此，即使是一顿饭、一丝绢，也不能轻易接受。前辈看见有人做官时广交朋友，曾告诫他说："受别人的恩惠多，就很难做官。"这句话值得仔细体会。

现在的人受了别人的恩惠大多不记在心里，但自己如果施恩于人，即使给了人家微不足道的东西也记得清清楚楚。古人说："不要记住你给别人的恩惠，不要忘掉别人给你的恩惠。"能做到这样确实很难啊！

人有居贫困时，不为乡人所顾，及其荣达，则视乡人如仇雠。殊不知乡人不厚于我，我以为憾；我不厚于乡人，乡人他日亦独不记耶？但于平时薄我者，勿与之厚，亦不必致怨。若其平时不与吾相识，苟我可以济助之者，亦不可不为也。

有人在贫困时，没有得到乡里人的照顾，等到他荣耀发达以后，就视乡里人为仇敌。殊不知乡里人当初不厚待我，我感到怨恨；我今天不厚待乡里人，日后难道他们就不记得了吗？实际上，只要对那些平时待自己薄的人不深交，也就不至于招来怨恨。像那些平时与自己不相识的乡里人，假如我能周济帮助他，也不能不这样做。

评析

这几段谈的是“受恩”和“报恩”。袁采“不可轻受人恩”、给予别人帮助不要希图人家报答、没有得到别人帮助不要记恨人家的训诫，在今天看来都有可取之处。“施人勿念，受施勿忘”的古训永远都应该牢记，知恩图报永远是应该倡导的美德。

原文

圣人这里指孔子言"以直报怨"，最是中道中庸之道，可以通行。大抵以怨报怨，固不足道，而士大夫欲邀追求长厚之名者，或因宿仇，纵奸邪而不治惩治，皆矫饰造作夸饰不近人情。圣人之所谓"直"者，其人贤，不以仇而废之；其人不肖，不以仇而庇庇护之。是非去取，各当其实。以此报怨，必不至递相酬复，无已时也。

居乡，不得已而后与人争，又不得已而后与人讼。彼稍服其不然不对则已停止之，不必费用财物，交结胥吏，求以快意，穷治彻底处治其仇。至于争讼财产，

导读

圣人说，"要以公平正直的态度对待伤害自己的人"。这句话最符合中庸之道，可以通行天下。一般说来，"以怨报怨"固然不值得称道，而有的士大夫为了博取仁厚长者的名声，或者原就有仇，放纵奸邪之人干坏事而不去惩治，这都是虚伪的不合人情的做法。圣人所说的正直，就是指如果他人贤良，不因仇怨而否定人家；他人为不肖之人，也不因仇怨而庇护他。是非取舍应当根据实际确定。这样，双方就不会无休止地相互报复了。

住在乡里，迫不得已才能与人争论是非，争执不下无法解决，才能和对方打官司。诉讼时如果对方能认错就算了，不必花费钱财去贿赂官吏，为自己心里满足而严惩对方。至于为争夺财产和人诉讼，本来无理而强词夺理，官吏贪赃枉法错判案件，也许可

本无理而强求得理，官吏贪谬，或可如志，宁不有愧于神明？仇者不伏，更相诉讼，所费财物，十数倍于其所直（同“值”），况遇贤明有司（官吏），安得以无理为有理耶？大抵人之所讼，互有短长，各言其长而掩其短，有司不明，则牵连不决（判决）。或决而不尽其情（实情），胥吏得以受赇（接受贿赂。赇 qiú，贿赂）而弄法，蔽者（被蒙蔽的一方）之所以破家也。

以遂了自己的心愿，这样做难道就不感到有愧于神明吗？对方不服判决，提出上诉，这样打官司花费的钱财，比要争夺的东西多值十几倍。况且，如果遇到正直贤明的官吏，你能把无理说成有理吗？一般来说，诉讼双方都各有长短，都会说自身的长处而遮掩短处，审判的官吏没有查明，就会长久拖延，无法判决。或者判决却不能体察全部实情，掌管案牍的小吏乘机收受贿赂，玩弄文字，被蒙蔽的一方因此而破家荡产。

评析

前面谈的是知恩报恩，这里谈的是“以直报怨”，公心待人。乡里乡亲闹些矛盾纠纷是难免的，能容人处且容人。迫不得已与人发生争执，实在无法解决，才能诉诸法律；诉讼时如果对方能认错就算了，得饶人处且饶人，不必斤斤计较。袁采的这些忠告，仍然是今人立身处世应该遵奉的原则。只有这样，人际关系才能和谐。

原文

官有贪暴贪婪暴虐，吏有横刻蛮横，刻薄，贤豪之人不忍乡曲众被其恶欺侮，故出力而讼之。然贪暴之官必有所恃，或以其有亲党在要路比喻显要的官位，或以其为州郡所深喜，故常难动摇。横刻之吏，亦有所恃，或以其为见同"现"任官之所喜，或以其结州曹吏之有素由来已久，故常无忌惮。及至人户有所诉，则官求势要之书权势重要之人的书信以请托，吏以官库之钱而行赂，毁去簿历簿书记录，改易案牍文书。

人户虽健讼，亦未便轻胜。兼加上论诉官吏之人，又只欲劫持官府，使之独畏己，初无为

导读

遇到贪婪暴虐的官员、蛮横刻薄的小吏，爱打抱不平的乡贤不忍心看着乡亲们被他们欺侮，便尽力帮助他们打官司。然而这些贪官之所以敢鱼肉百姓，自然有靠山支持，有的因为亲戚地位显赫，有的深受州郡长官的喜爱，所以很难告倒他们。那些蛮横刻薄的胥吏也有靠山，或者被现任官员所喜爱，或者与州府吏员素有交情，所以常常肆无忌惮。等到把他们告上法庭，官员就托位高权重者写信说情，胥吏也以官库的金钱行贿，毁掉对他们不利的记录，改换对他们有利的文书。

虽然有的百姓善于诉讼，但也不容易胜诉。那些敢于告官的人只是为了挟持官府，使官府惧怕自己，原本就没有为民除害之

心。常见那些与州县官吏论辩申诉的人，倚仗官吏畏惧他们，就拖延税赋不按时交纳。人家交纳临时征收的税赋，唯独他自己不交；别人家交纳摊派的杂税，唯独他自己不交。在公堂上，傲视长官；坐在衙门里的文书部门，辱骂那些胥吏差役；冒占逃亡人户及抄没等项入籍于官府的产业，却不肯交纳租赋；欺善凌弱，强要按其意愿判决处治。托这种人走门路，通关节，必然是以曲为直，或是与胥吏们狼狈为奸，以左右官员，使之听其所作所为，残害乡里百姓。但凡像这样的官吏，像这样的刁民，给予一定的时间，他们纵然能免于人祸，也逃脱不了天谴的下场。

众除害之心。常见论诉州县官吏之人，恃为官吏所畏，拖延税赋不纳。人户有折变宋朝赋税输纳方式，后成为变相加税之名。征收赋税有固定物品，官府因一时所需，就以等价改征他物，叫折变，己独不受折变；人户有科敷又称科配、科率。指无固定时间、品种和数额的临时性赋税，或泛指摊派杂税。官府低价或无偿配买物品或高价配卖物品，也属变相科敷。科敷原则上在富裕人家中摊派，但也有按田亩分摊的情况。敷 fū，己独不伏通“服”，屈服，顺从科敷。睨nì。斜着眼睛看。表轻视立庭下，抗对长官；端坐司房此指官署，骂辱胥辈；冒占官产，不肯输租交纳租赋；欺凌善弱，强欲断治。请托公事，必欲以曲为直，或与胥吏通同为奸，把持官员，使之听其所为，以残害乡民。凡如此之官吏，如此之奸民，假给以岁月，纵免人祸，必自为天所诛也。

评析

应该以“口述历史”来看待这两段文字。封建社会里贪官欺侮百姓，而与他们对簿公堂，又会遇到官官相护的障碍，百姓告官胜诉很难。所以袁采告诫人们对于诉讼要慎之又慎。

凡事當留餘地

凡事当留余地

原文

士大夫相见，往往多言某县民淳，某县民顽愚妄，刁顽。及询其所以然，乃谓见任官赃污狼籍指贪污受贿，行为不检，名声败坏，乡民吞声饮气而不敢言，则为淳；乡民列其恶而诉之州郡监司负有监察之责的官吏，则为顽。此其得“顽”之名，岂不枉哉？今人多指奉化县即今浙江奉化县为顽，问之奉化人，则曰：“所讼之官皆有入己赃收入自己腰包的赃物，何谓奉化为顽？”如黄岩县名。在浙江省，因境内有黄岩山得名等处人言皆然，此正圣人所谓“斯此，这民也，三代指夏、商、周之所以直道而行行正道，奉行正直的社会准则也”，何顽之有！

今具开列，条举其所以为顽之

导读

士大夫见了面，往往说的是哪个县的百姓淳朴，哪个县的老百姓刁顽。你问他理由何在时，他说现任官员大肆贪污，老百姓却忍气吞声、不敢说话，这就是淳朴；老百姓罗列他们的罪恶到州郡的监察大人那里投诉他们，这就叫刁顽。百姓因此得到“刁顽”之名，岂不是太冤枉了吗？今天人们大多说奉化县人刁顽，问到奉化人，他们则说：“我们所控告的官员都有贪污行为，怎么说奉化县人刁顽呢？”黄岩等地方的人也都这样说。这正是圣人所说的“这样的人，正是保证夏、商、周三代能够行正道的原因”，他们有什么刁顽？！

现条列所以称作“刁顽”

的几种情况：该交纳的赋税不交纳，该输供科配而没有输供，这就是刁顽；如果官府因事扩大赋税又因而隐藏瞒报，百姓不肯交纳，这种情况就不能称作刁顽。官吏断案出于公心，且符合法律，而自己想报私怨来寻求翻案，这就是刁顽；官吏受了贿，断案时以曲为直，歪曲事实造成冤案，百姓因此上诉，这种情况就不能称为刁顽。官员清正廉洁，断案听凭自己判断，不受外界干预，豪横的人无法行贿，无计可施，于是就同官府里的办事人员里外勾结，编造谎言，粉饰是非，妄兴诉讼，这就是刁顽；如果官员与办事的胥吏勾结一起，使用百般诡计掩人耳目，收受贿赂，偷

目条目，要目：应纳税赋而不纳，及应供科配官府征收正式赋税以外临时加的赋税而不供，则为顽；若官中因事广科，从而隐瞒，其民户不肯供纳则不为顽。官吏断事，出于至公，又合法意，乃任私忿私仇，私怨，求以翻异翻案，则为顽；官吏受财，断直为曲，事有冤抑，次第依次陈诉，则不为顽。官员清正，断事自己凭自己判断。自，由，凭，豪横强暴蛮横。指仗势欺人之民无所行赂，无所措谋筹划计谋，则与胥吏表里呼应，勾结，撰合捏造语言，妆点掩饰，掩盖事务事实，妄兴论讼，则为顽；若官员与吏为徒一伙，同类，百般诡计，掩人耳目，受接贿赂，偷盗官钱，

原文

人户有能出力为众论诉，则不为顽。

导读

盗官府钱财，百姓中有愿意出力替众人控告他们的，就不能称为刁顽。

评析

袁采真是一个充满正义感的贤明官吏，他对“良民”和“刁民”的议论极为恰当，他与贪官污吏对老百姓的评价截然不同，完全是站在公正立场上的评论。难怪他的同学刘镇序言中称赞他：“德足而行成，学博而文富。”

导读

县、道有不合常理滥征捐税及预借官物的，一定要一个一个地说道说道。大凡粮食赋税自然有固定的数额，足以供应州县的用度；劳役税赋有固定的数目，足以供起解、发送及用工方面的支出。县官如果能自己做得端正以带动下属，则老百姓就没有抗税不交的，官府如果没有侵吞盗用和肆意浪费，虽不敢说一定剩余，至少哪会有满足不了需要的！只因县里的官员不自我检点，吃的、穿的、日常用的，往来接待，送礼通关节，置买物品和储蓄的，以及其他各种各样的费用，都向手分和乡司取办。做手分和乡司的哪能拿自己的钱供县官使用，

原文

县、道有非理横科滥征捐税及预借官物官家的物品、财产，公物者，必相率相继，一个接一个而次第陈讼。盖粮税自有常额，足以充上供州用县用；役钱代替劳役的税钱亦有常额，足以供解发起解发送支雇。县官正己以率下，则民间无隐负隐瞒钱财不输缴纳，官中无侵盗妄用，未敢以为有余，亦何不足之有！惟作县之人不自检己不能自己约束自己，吃者、着者穿的、日用者，般挈般，同“搬”；挈，提往来，送遗赠送给托，置造器用，储蓄囊箧，及其他百色各种各样之须，取给获取，取得于手分宋时州县雇募的一种差役、乡司宋朝县役之一。掌书写乡村赋税账册等。为手分、乡司者，岂有将己财奉县官，不过就簿

原文

历之中，恣为欺弊作假。或揽人户税物而不纳；或将到库之钱而他用；或伪作过军犒劳军士、过客券，旁及连带涉及，兼及修葺廨舍官署。廨 xiè，旧时官吏办公处所的通称，而公求支破公开请求支取拨付；或阳为解发，而中途截拨。其弊百端多种多样，不可悉举。县官既素向来受其污啖来历不当的供应，往往知而不问，况又有懵然稀里糊涂的样子。懵 měng，无知的样子不晓财赋之利病。及晓之者，又与之通同作弊。一年之间，虽至小邑，亏失数千缗mín。古代计量单位。通常以一千文为一缗，殆几乎不觉也。于是有横科预借之患，及有拖欠州郡之数。及将任满，请托关节走门路并贿赂权势者以求脱去，而州郡遂将积欠勒令

导读

不过在账簿中造假，恣意欺瞒。或是把收到的赋税和物品不上交；或是将官库的钱挪作他用；或是伪造犒劳军士、招待客人的票证，连带涉及修整官衙，公开请求支取费用；或是明里拨付而中途截留。其弊病多种多样，不可一一列举。县官一向吃他们的拿他们的，往往明知不问，何况还有些官员完全不懂财赋的利弊。等到弄明白了，又与他们共同舞弊。一年之间，虽然是最小的县，几乎不知不觉就亏空达到数千缗。于是就有了滥征、预借的祸患，以及拖欠应该交给州、府的费用。等到任期已满，托人走门路，贿赂上级以求解脱，而州郡官长遂

将积累的欠款勒令继任者补偿。前任用一年的财货赋税都不够一年开支，继任者又怎么能以一年财货赋税补足以前数年欠的财货赋税呢？所以继任者对于前任预支的钱物多不承认和理会，或者是另想损招，从老百姓口袋里掏钱，以便补足前任留下的亏空，这种祸患哪能说得完呢！

后政后任官员补偿。夫前政以一年财赋，不足一年支解支付和上缴，为后政者，岂能以一年财赋，补足数年财赋！故于前政预借钱物，多不认理承认受理，或别设巧计，阴夺暗中夺取民财，以求补足旧欠，其祸可胜言哉！

评析

作为县令的袁采对官场的情况了解真是透彻，对一些官吏加重农民负担的手段剖析周详，对官场的黑暗揭露得入木三分，表现了一个有正义感官员的良知。封建社会的官员像袁采这样的多一些，老百姓受到的剥削和压迫就会少一些。今天，我们的社会也需要许多像他一样清正廉洁的官员。

卷二

治家

《治家》篇，共有72则，多是士大夫持家兴业的经验之谈。所论家政管理几乎涵盖家庭日常生活的各个方面，如高厚垣墙、周密藩篱、防火拒盗、基宅择选、房屋起造、别宅置妾、役使仆隶、雇请乳母、管理仓米、厚遇佃人、田亩界至、置造契书、假贷钱谷、纳税应捐，甚至筑浚池塘、修桥补路、植种桑果、养畜饲禽等事，也无遗漏。

这里仅列举部分，便可窥见袁采治家、训俗的良苦用心。

家庭安全方面。从安居才能乐业出发，袁采将家庭的安全放在家庭治理的首位加以强调。如何才能做到这一点？袁采指出四点：一是宅舍坚牢。墙垣要高厚，藩篱要周密，门窗要牢固。二是山居须置庄佃。若是住在山谷村野僻静的地方，要在附近盖些房屋，请一些人口多的朴实人家居住，以便有个照应。三是防盗防火，多加巡视。四是家人尤其是年幼子弟的人身安全。袁采嘱告家人，不要让小孩戴金银首饰，以免被贼人图财害命。不要让小孩单独到街市上去，以免被人诱拐而骨肉离散。至于其他一些危险的地方，都要注意，如“人之家居，井必有干，池必有栏。深溪急流之处，峭险高危之地，机关触动之物，必有禁防”。

奴婢和佃户的管理方面。一般有家训传世的，就算不是家道殷富，至少也是中产之家，故而都雇佣奴婢供其使用，土地也租给佃户耕种，这就牵涉对他们的管理问题。对此，袁采花了不少笔墨谈论。他认为雇佣仆人，要选那些“朴直谨愿、勤于任事”的，不要用“异巾美服、言语矫诈”的轻浮之人；雇用奴仆最好是本地的，外地的要问清来历，并经过中间人签订契约。对待奴婢要宽恕，有过错要多教诲，不可动辄鞭打辱骂，即使犯有奸盗等罪，也要送官府治罪。要关心奴婢的生活，“衣须令其温，食须令其饱”；奴婢的住处要经常检查，“令冬时无风寒之患”；奴婢有病应送外医治；雇佣女仆年满要送还其家人。袁采深知佃户的辛苦劳动是自己的“衣食之源”，因而要求家人体恤他们，视同骨肉，“遇其有生育、婚嫁、营造、死亡，当厚周之。耕耘之际，有所假贷，少收其息；水旱之年，察其所亏，早为除减。不可有非理之需，不可有非时之役”。

乡亲邻里关系方面。袁采提出邻居间要和睦相处，平日多加抚恤，有事相互照应。不要让自家的小孩损坏邻居的花果树木，不要让自家的牛羊鸡鸭践踏、啃啄邻居的庄稼。乡里有造桥修路的公益事业，要尽力予以资助。

其他家政管理涉及伦理教化的方面还有：置办田产，要公平交易；经营商业，不可掺杂使假；借贷钱谷，取息适中，不可高息；兄弟亲属分割家产，要早印阄书，以求公正免争；田产的界限要分明；尼姑、道婆之类人等不可延请至家；税赋应依法及早交纳；等等。

仅举这些，足见作者可贵的人道情怀。

原文

人之治家，须令垣墙（院墙，围墙。垣 yuán，墙）高厚，藩篱周密，窗壁门关坚牢，随损随修。

如有水窦（水道。窦 dòu，洞，沟渠）之类，亦须常设格子，务令新固，不可轻忽。虽（即使）窃盗之巧者，穴墙剪篱，穿壁决关（弄断门闩），俄顷可辨（通“办”），比之颓墙败篱、腐壁敝门，以启（招致，引起）盗者有间（有差别）矣。且免奴仆奔窜及不肖子弟夜出之患。如外有窃盗，内有奔窜及子弟生事，纵官司为之受理，岂不重费财力！

导读

居家管理，必须把院墙垒得高大而厚实，将栅栏修得结实而严密，窗户、房门要做得坚固牢靠，有损坏的随时修理。

如果有水道通向院子外边，也必须在水道口设置格子，务必让它保持坚固如新，对此切不可轻视。即使窃贼身手灵巧，挖墙壁、剪栅栏、弄开门栓花不了多长时间，但总比残墙败篱、腐朽的门窗方便强盗要好得多。何况还可以防止奴婢们相互乱窜和不肖子弟夜里偷溜出去。如果外有盗贼，家里有奴婢乱窜，加上子弟外出惹是生非，纵使官府过问因此出现的问题，自家岂不也要破费钱财吗？

评析

家政管理首先是居家安全，因而修院墙、防盗贼是第一要务。不要给盗贼留下漏洞，不要存在安全隐患，否则后悔就来不及了。

原文

居止或在山谷村野僻静之地，须于周围要害去处置立庄屋供佃户居住的房屋，招诱招引，设法使来丁多之人居之。或有火烛指失火、窃盗，可以即相救应。

凡夜犬吠，盗未必至，亦是盗来探试，不可以为他而不警。夜间遇物有声，亦不可以为鼠而不警。

屋之周围须令有路，可以往来，夜间遣人十数遍巡之。善虑事者，居于城郭城，内城的墙；郭，外城的墙。泛指城市，无甚隙地空地，亦为夹墙房子外的围墙，使逻者往来其间。若屋之内，则子弟及奴婢更迭交换，更替巡警巡查警戒。

导读

居住在山谷、村外一些偏僻的地方，必须在房子四周的要害处盖些房子，招引人口多的佃户来居住，遇有火灾或盗贼事件发生可以及时相救。

凡夜里狗叫，不是盗贼来犯，也是盗贼前来试探，千万不要以为是其他事情而放松了警觉。夜里听到响声，也不要以为是老鼠就放松警惕。

房子的周围必须要通路，这样人们可以来往，夜里要派人巡逻十多次。善于考虑事情的人，即使住在城里，房子之间没有空地，也要设法建造夹墙，派巡逻者巡行于其中。在家里，则由子弟和奴婢们轮流值班，巡查警戒。

评析

僻静之地，最容易成为强盗和盗贼抢劫、盗窃的地方，所以这些地方最好聚众而居，相互照应。作者对夜里听到狗叫要警惕、建造房屋要留出巡逻通道等的嘱告，正是作者乡村生活经验的积累。

原文

夜间觉有盗，便须直言直接说“有盗”，徐起慢慢起身逐之，盗必且就是，将窜。不可乘暗击之，恐盗之急，以刀伤我，又误击自家之人。若持烛见盗，击之犹庶几还差不多，还可以；若获盗而已受拘执，自当准法依法办理，无过殴伤。

多蓄之家，盗所觊觎jì yú。非分的希望或企图，希望得到不应得到的东西，而其人又多置什物器物，喜于矜耀夸耀。矜 jīn，尤盗之所垂涎比喻极想得到。涎 xián，唾沫，口水也。富厚之家若多储钱谷，少置什物，少蓄金宝丝帛，纵被盗亦不多失。

导读

夜里发觉家里来了盗贼，就应当立即大喊：“有盗贼！”此后，再慢慢起身去追赶他。盗贼见已被发现，必然会抱头鼠窜。这时千万不要在黑暗中去追击盗贼，恐怕盗贼情急之下用刀伤你，还会误伤自己家人。如果举着烛火追击时迎头碰上盗贼，那就不得已要进行攻击了；如果盗贼已被抓获，就应当依法办理，不要殴打太重。

家里储蓄丰厚的人家，是盗贼觊觎的对象，而这些人家又过多地置办家具财物，喜欢向人炫耀，这种人家尤其是盗贼所垂涎的。富裕人家如果多储存些钱谷，少置器物，少存一些金银珠宝、绫罗绸缎之类的东西，这样即使失盗也不会有太大损失。有位前辈曾告诫家人：“除了冬夏衣物之外，家中以备不测而储藏的绢帛，不要超过百匹。”这也是高人之见，世俗之人哪能明白？

前辈有戒其家：“自冬夏衣之外，藏帛以备不虞（出乎意料的事），不过百匹。”此亦高人之见，岂可与世俗言！

评析

这里继续谈论如何对付盗贼问题。袁采关于夜里不追击盗贼的告诫，应了“穷寇勿追”的古训。而对不要过多置办财物、不要炫耀财富的提醒，更是富裕之家要特别注意的。

原文

劫盗有中夜半夜炬火露刃，排门而入人家者，此尤不可不防。须于诸处往来路口，委任派人为耳目，或有异常，则可以先知。仍预置预先设置便门，遇有警急，老幼妇女且尚可从便门走避。又须子弟及仆者平时常备器械，为御敌之计。可敌则敌，不可敌则避，切不可令盗得我之人，执以为质人质，则邻保及捕盗之人不敢前。

劫盗虽小人之雄，亦自有识见。如富家平时不刻剥侵夺剥削，又能乐施，又能种种方便，当兵火扰攘混乱，骚乱之际犹得保全，至不忍焚毁其屋。凡盗所快意

导读

劫匪盗贼中有半夜打着火把、手持利刃而公然破门入室抢劫的，对他们尤其不能不加防备。需要在各处往来的路口，派人望风警戒，如有异常情况，就可以提前知道。还要在家里留个便门，遇到紧急情况，老人、小孩和妇女能及早从便门逃避。还必须让家中子弟、仆人平时备有刀枪器械，用来防御盗贼。劫匪盗贼来犯，能敌得过就打，敌不过就逃。千万不能让他们抓住当作人质，不然的话，保丁和官府捕盗的人，就不敢贸然上前去抓捕。

劫匪盗贼虽说是小人中的雄杰，但也有他的见识。假如富有人家平时不对穷人苛刻盘剥，且能乐善好施，又能为乡亲们提供各种方便，这样在劫匪盗贼骚扰、抢掠的时候，还能获得保全，也不忍心烧毁他们的房舍。但凡

于焚掠焚烧抢掠侮辱者，多是积恶之人。富家各宜自省。

匪盗们肆意焚烧抢掠侮辱的，多是那些恶贯满盈的人家。因此，富裕人家应当自我反省一下所作所为。

评析

前面谈的是应对盗贼，这里议论的是如何对待明火执仗的劫匪。相比盗贼，这些匪徒更为凶狠，更要留意防备。作者告诫要派人警戒，预留便门，准备武器等，说得细致周详。后面一段，袁采要那些富贵人家好好反省自己，不要为富不仁，盘剥穷人，否则遇到劫匪盗贼，吃亏的还是自己。

原文

家居或有失物，不可不急寻。急寻，则人或投之僻处，可以复收，则无事矣。不急，则转而出外，愈不可见。又不可妄猜疑人，猜疑之当得当，正确，则人或自疑，恐生他虞其他祸害；猜疑不当，则正窃者反自得意。况疑心一生，则所疑之人，揣估量，忖度其行坐辞色言行举止，皆若窃物，而实未尝有所窃也。或已形于言，或妄有所执治捕捉惩办，而所失之物偶见同“现”，或正窃者方获被拿获，则悔将何及？

评析

这段谈的是如何对待丢失东西的事情。作者所讲丢失东西赶紧寻找、不要轻易怀疑别人的见解，都同于大家的生活经验。今天人们遇到家中失窃的事，及时报警才是最重要的。

导读

家中有时不免丢失东西，出现这种情况不能不赶紧寻找。如果寻找及时，偷窃者就可能因怕被人发现而把东西扔到僻静处，这样东西就可以失而复得，就不会有损失。假如东西丢失后不马上寻找，失物就会被小偷转移出去，那就更找不到了。另外，家里丢了东西不要随便猜疑人，因为如果猜对了，偷的人就会感到心虚，恐怕会生出其他祸患；如果猜不对，那样偷东西的人反而会感到高兴。何况疑心一生，你所怀疑的人的举动、言行在你眼里都像偷东西的人，而实际上被你怀疑的对象并没有偷。倘若你把自己的怀疑说了出去，或者没有任何根据地把被怀疑的人治罪，丢失的东西却又找到了，或者是真正偷东西的人刚好被抓住，这时你再后悔都来不及了！

导读

居家周围不可没有邻居，不然怕遇到火灾无人前来救应。住宅的周围，如果没有溪水，应当挖个水池或者水井，否则，一旦失火，就没有水扑救。此外，平时还要与邻里搞好关系，关心体恤他们。有位士大夫平日经常依仗权势残虐乡邻，有一天仇人来杀他的家人，烧他的房子，邻居不但不救，反而相互提醒说："如果我们救火，火被扑灭后，不但没有功劳，反而还要被诬告偷了他家的财物，那样官司可就没完没了啦。假如我们不救火，顶多不过杖打一百罢了。"邻居们甘愿被杖责一百也不愿意救火，眼睁睁看着他的房屋化为灰烬，所有的生活用品都被烧光。这就是他平日欺凌、虐待邻里百姓的报应啊！

家中起火，大多是从厨房灶台烧起的。大概是由于厨房长久

原文

居宅不可无邻家，虑有火烛，无人救应。宅之四围如无溪流，当为池井，虑有火烛，无水救应。又须平时抚恤邻里有恩义。有士大夫平时多以官势残虐残害虐待邻里，一日为被仇人刃其家，火用火烧其屋宅。邻里更相戒曰："若救火，火熄之后，非惟无功，彼更讼我以为盗取他家财物，则狱讼未知了期。若不救火，不过杖一百而已。"邻里甘受杖而坐视其大厦为煨烬经焚烧而化为灰烬。煨 wēi，焚烧，生生之具生活用具无遗。此其平时暴虐之效报应也。

火之所起，多从厨灶。盖厨屋多时不扫，则埃墨烟灰易得

原文

引火，或灶中有留火，而灶前有积薪堆积的柴草接连，亦引火之端也。夜间最当巡视。

烘焙物色物品过夜，多致遗火失火。人家房户，多有覆盖宿火隔夜不灭的火，而以衣笼烘烤衣服的架子，形如笼子。古代的衣笼多用竹编成罩其上，皆能致火，须常戒约防备约束。

蚕家屋宇低隘低矮狭窄，于炙簇烘烤蚕做茧的草靶子之际，不可不防火。

农家储积粪壤，多为茅屋，或投死灰于其间，须防内有余烬未灭，能致火烛。

茅屋须常防火，大风须常防火，积油物、积石灰须常防火。此类甚多，切须询究查询，究问。

导读

不打扫，烟油积多了容易引起火灾，或者是因为灶中留有余烬，而灶前堆积着干柴草，极易引起火灾。所以，厨房是夜里最应该巡视的地方。

夜里烘烤东西，多会引发火灾。多数人家夜间都习惯压住火，把衣笼罩在上面烘烤。这些都能导致火灾，必须经常告诫家人，提醒注意。

养蚕人家的房子低矮狭窄，在烤草靶子的时候，不能不注意防火。

农户储存粪肥的地方大都是茅草屋，如果往茅屋里倒草木灰时，必须防止灰中有余火没有熄灭，以免引发火灾。

茅草屋必须经常注意防火，风大天气必须注意防火，积聚油物、石灰的地方必须注意防火。像这些需要防火的地方很多，切切注意查看。

评析

这几段谈的是防火。袁采首先告诫人们备水源防火，然后列举某士大夫平日依仗官场权势残虐乡邻、遇仇人报复乡邻坐视不救的例子，通俗地阐述“远亲不如近邻”的道理。然后详述厨房、烘烤衣物、蚕房、储存粪肥的茅草屋这些特别容易引发火灾之处的防火注意事项。这些建议，对于生活在农村的人们来说，具有极强的现实性。今天，生活在城里的人，也要了解家中消防的相关知识，排除家庭火灾隐患。

原文

富人有爱其小儿者，以金银珠宝之属饰其身。小人有贪者，于僻静处坏其性命而取其物，虽闻于官告到官府而置于法用法律处置，何益？

市邑市镇，城镇小儿，非有壮夫携负牵挽背负，不可令游街巷，虑有诱略诱骗、侵犯之人也。

人之家居，井必有干栏杆，池必有栏栅栏。深溪急流之处，峭险高危之地，机关设有机件并能制动的机械装置触动之物，必有禁防，不可令小儿狎戏玩而临之。脱倘若，或许有疏虞疏忽，归怨于人，何及？

导读

富有的人家喜爱自己的小孩，就用金银珠宝之类的装饰品打扮他。贪财小人往往在僻静无人处害死孩子，夺走这些东西。即使你报案后破了案并将犯人法办，但还有何用？

城市里的小孩子，如果没有身强力壮的男子携带，千万不可让他到街巷里玩耍，怕那些街巷里有拐骗小孩的坏人。

家里有水井的人家，必须在井边围上栏杆，有池塘的，一定要安上栅栏。有深溪急流、悬崖峭壁等又高又险的地方，以及设有机关的地方，必须严加防范，不能让小孩子玩耍接近。否则因疏忽而出了危险，再抱怨别人，还来得及吗？

评析

这几段交代孩子的安全注意事项：不要用金银珠宝等打扮孩子；城里孩子不要让他独自到街巷里玩耍；不要让孩子靠近水井、池塘、急流、悬崖等危险的地方。这些提醒，我们今天的家长不也同样必须注意吗？

原文

亲宾相访，不可多虐强迫以酒。或被酒醉酒夜卧，须令人照管。往时括苍古县名。治所在今天浙江丽水东南有因客以酒，且虑其不告而去，于是卧于空舍而钥锁其门，酒渴索浆不得，则取花瓶水饮之。次日启关开门而客死矣。其家讼于官。郡守汪怀忠究其一时舍中所有之物，云“有花瓶，浸旱莲花”。试以旱莲花浸瓶中，取罪当死者试之，验，乃释释放之。又有置水于案桌子而不掩覆，屋有伏蛇潜伏的蛇遗毒于水，客饮而死者。凡事不可不谨如此。

导读

亲戚朋友来访，不要强劝对方喝酒。如果有的人喝醉了，晚上睡觉时一定要有人照看。从前，括苍县曾有人为留住客人，就把客人灌醉了，又怕客人酒醒后不辞而别，于是就让他睡在一间空房子里，还上了锁。客人由于喝了酒口渴，找水喝没有找到，就把花瓶里的水喝了。第二天主人开门一看，客人已经死了。死者家人告到官府。郡守汪怀忠追问主人当时屋子里有什么东西，此人说，“有一只花瓶，里边浸泡着旱莲花”。于是，郡守让人用旱莲花浸泡在水中做试验，让一个判了死刑的犯人喝下，死囚果然毙命，这样主人才被释放。还有个人把水壶放桌上但没有加盖子，屋子有毒蛇把毒液滴到了水中，客人饮后死亡。所以，凡事都要谨慎小心，不能像上面说的这样。

评析

这段话谈接待来访的亲戚朋友，不要强劝对方饮酒。作者还列举两个例子，说明强劝亲友饮酒的危害性及凡事都应谨慎小心。有理论、有事实，令人信服，引人为戒。

原文

清晨早起，昏晚早睡，可以杜绝婢仆奸盗等事。

司马温公司马光。字君实，号迂叟，卒赠太师、温国公，谥文正。北宋政治家、史学家、文学家《居家杂仪》：“令仆子，非有警急紧急、修葺，不得入中门内、外室之间的门；妇女婢妾，无故不得出中门。只令铃下指门卫、侍从小童通传内外。”治家之法，此过半矣。

婢妾与主翁男主人亲近，或多挟抓住人的弱点强迫人服从此私通，仆辈有子，则以主翁藉口。畜愚贱之裔，至破家者多矣。凡有婢妾不可不谨其始，亦不可不防其终。

人有婢妾，不禁出入，至与外人私通有妊，不正其罪而

导读

清晨早早起床，夜晚里早早睡下，可以杜绝婢仆们干奸淫盗窃一类的事。

司马光的《居家杂仪》说：“规定男仆除非有紧急情况或者需要修理东西不得进入内宅的门；家里妇女和女仆一般也不得出内宅。有事情让负责门卫的童仆传达就行了。”治家的法则，这话说了大半了。

女仆与男主人关系亲近，有的发生奸情，女仆有了孩子不管是否主人的，都说是主人的孩子。这样收养愚昧低贱的后裔而导致家庭破落的多了。凡是有婢妾的，应该始终谨慎防范。

有的人家不严格禁止婢妾出入，以致发生了与外人私通而怀孕的事，不声明其因谁怀孕，就

立即赶出家门，往往男主人去世以后，有自称是遗腹子的人，要求认祖归宗。随即惹起官司。世人应该以此自警，免得将来使后代受到连累。

遽jù。立即逐去者，往往有于主翁身故之后，自言是主翁遗腹子，以求归宗。旋随后至兴讼。世俗所宜警此，免累后人。

评析

这几段论述奴仆的管理，其中自然不无道理，但作者反对“畜愚贱之裔”等观点，显然是封建地主阶级的偏见。

原文

人有以正室正妻妒忌，而于别宅置婢妾者；有供给娼女从事歌舞的女艺人。后指妓女，而绝其与人往来者。其关防非不密，监守非不谨，然所委监守之人得其犒遗kào wèi。酬赏和赠送，反与外人为耳目以通往来，而主翁不知，至养其所生子为嗣者。又有妇人临蓐临产。蓐rù，草垫子，草席，主翁不在，则弃其所生之女，而取他人之子为己子者。主翁从而收养，不知非其己子。庸俗愚暗，大抵类此。

夫蓄婢妾之家，有僻室而人所不到，有便门而可以通外。或溷厕厕所。溷hùn，猪圈，污浊与厨灶相近而使膳夫厨师掌庖掌管厨房。庖páo，厨房，厨师，或

导读

有的人因正妻吃醋，就将婢妾安置在别处；也有的包养娼女，禁止她与其他客人来往。这样防备并非不严，监守并非不谨慎，但是所委派的看守者得到了好处，反而替外人通风报信，而主人根本不知情，甚至以他人所生子为后代。还有的妇人临产时恰巧男主人不在，就把生的女孩扔掉，而将别人的男孩抱来当作自己的孩子。男主人抚养了孩子但不知道他并非自己所亲生。庸俗愚昧，大体如此。

那些蓄养婢妾的人家，建有密室外人进不去，修有便门可以通往外面。有的厕所与厨房靠近而使厨师掌厨，有的夜里在内室

饮酒而让仆人伺候着，其弊端不可不加提防。大概这些人心机颇深，而主人信任不疑，这些人互为耳目，而主人哪能察觉呢？

有的人家养婢妾，教她们唱歌跳舞，让她们在喝酒时为宾客们助兴。但是，切不可养那种容貌漂亮又聪慧过人的，恐怕有居心不良的客人起非分之心。他看见这么漂亮的婢妾，必然想占为己有。贪心过胜的人，“只顾追逐野兽却看不见泰山阻挡在前”，只要有机会什么事情都能做得出来。西晋时期著名歌女绿珠的故

夜饮在于内室而使仆子供役供给使用，其弊有不可防者。盖此曹此辈深谋而主不之猜即不猜之的宾语前置，此曹迭交换，轮流为耳目，而主又何由知觉！

夫置婢妾，教之歌舞，或使侑樽yòu zūn。助饮兴，劝酒。侑，在筵席旁助兴，劝人吃喝；樽，古代盛酒的器具，以为宾客之欢。切不可蓄姿貌指容貌美黠慧狡猾聪慧过人者，虑有恶客起觊觎之心。彼见美丽，必欲得之，“逐兽则不见泰山”，苟势可以临我，则无所不至。

绿珠之事绿珠是西晋时期著名歌女。有一天，绿珠母女遇强盗抢劫，被散骑常侍石崇救出并带回洛阳。潘岳的下属孙秀，看到绿珠貌美，竟然忘形叫好，遭到石崇斥责。孙秀恼羞成怒，怀恨在心。后来，孙秀投靠了晋宣帝司马懿的九子司马伦。司马伦久欲篡位，遭司马允反对，后采用孙秀的计策，杀死了司马允。石崇的靠山贾皇后倒台后，孙秀又趁机进谗言，杀死了石崇和潘岳，并围住石崇的别墅搜寻绿珠。绿珠被逼无奈，

原文

跳楼而死，在古可鉴，近世亦多有之，不欲指言其名。

士大夫之家，有夜间男女群聚而呼卢（古代的一种赌博游戏。共有五颗子，五子全黑的叫"卢"，得头彩。掷子时高声喊叫，希望得到全黑，故叫"呼卢"）至于达旦（到天明），岂无托故而起者？试静思之。

导读

事可以引以为鉴，近代这种事情更多，就不必指名道姓地说了。

士大夫家庭里，有的夜间男女聚集在一起赌博呼叫，甚至通宵达旦。这些人中难道没有借故而离去干坏事的吗？请认真想一想。

评析

这几段主要论述对待妻妾、婢女的问题。的确，封建社会存在这些问题，作者的提醒值得这些人家重视。

导读

雇佣奴仆，应当聘用那些朴实正直、谨慎认真、勤奋做事的人，不一定非要他能做到言谈举止满足自己心意。有的人家的子弟不知吃喝费用从哪里来，不追求自己的品德修养和学业事业出众，唯独要求仆人俊俏聪慧，与众不同。花费钱财来养那些无用的人，虽然没什么大害，但惹是生非，都是这些人造成的。

仆人言行打扮如果有社会上轻浮浪荡子弟的样子，喜欢穿奇装异服，言语又虚伪造作，这种人决不能用。如果使唤了很长时间的仆人，突然间变得像这个样子，那么，内室必定有可疑之处。

原文

人家有仆，当取其朴直谨愿（朴实、正直、谨慎、老实），勤于任事，不必责其应对（用言语酬应、对答）进退之快人意。人之子弟不知温饱所自来者，不求自己德业（德行与功业）之出众，而独欲仆者俏黠之出众。费财以养无用之人，固未甚害，生事为非，皆此辈导之也。

仆者而有市井浮浪（轻浮放荡）子弟之态，异巾美服，言语矫诈（jiǎo zhà。虚伪诡诈），不可蓄也。蓄仆之久，而骤然如此，闺阃（指妇女居住的地方。借指闺房隐私。阃 kǔn，内室）之事，必有可疑。

评析

古代社会雇佣奴仆是常有的事，选聘这些仆人需要十分注意。作者认为要通过观察，选择那些朴实正直、谨慎认真、勤奋做事的人，不要单看俊俏聪慧，尤其是那些轻浮浪荡的男仆更不能雇佣。这些都很有见地。

原文

奴仆小人，就役于人者，天资多愚，作事乖舛指谬误、差错。舛 chuǎn，错误，错乱背违背逆违反，不曾有便当省力之处。如顿放整顿安放什物，必以斜为正；如裁截物色，必以长为短。若此之类，殆非一端。又性多忘，嘱之以事，全不记忆；又性多执固执，所见不是，自以为是；又性多很不听话，轻于应对，不识分守本分职守。所以顾主即雇主于使令之际，常多叱咄chì duō。呼喝，大声斥责。其为不改，其言愈辩，顾主愈不能平。于是棰楚棰是木棍，楚是荆杖，都是古代施刑用具。棰 chuí加之，或失手而至于死亡者有矣。凡为家长者，于使令之际，有不如意，当云“小人天资之

导读

奴仆们这些小人，服役于主人家，他们天资大多愚笨，做事经常出错，从没有让人便利省力的地方。比如，放置东西，必定是把斜的当成正的；再如，让他裁截物品，必定会把长的当成短的。像这类的事情，还有很多。还有的生性多忘事，你嘱咐他的事情，他能全不记得；有的性格固执，大家都以为不是，他却自以为是；有的不太听话，答应的轻快但不能完成自己的职守。因此雇主在使唤他们的时候，常常多加训斥。他们不但老不改正，还要狡辩，雇主更是生气。于是用棍责打，有的甚至被失手打死了。凡是做家长的，如果使唤他们觉得不如意，应当想：“小人

愚如此，宜宽以处之”。多其教诲，省其嗔怒可也。如此，则仆者可以免罪，主者胸中亦大安乐，省事多矣。至于婢妾，其愚尤甚。妇人既多褊急气量狭小，性情急躁。褊biǎn，衣服狭小。引申为心胸狭隘狠愎，暴忍残刻凶暴狠毒，又不知古今道理，其所以责备婢妾者，又非丈夫之比。为家长者，宜于平昔常以待奴仆之理喻之，其间必自有晓然者。

就是这样天资愚笨，应该宽容他们。”对他们多加教诲，可以少生不少闲气。这样做，仆人可以免于处罚，主人心里又感到快乐，这多省事啊！至于那些婢妾，则是更为愚笨。妇人的气量狭小，往往性情急躁、固执、凶暴狠毒，而且不明事理，她们责备婢妾不如丈夫宽容。做家长的，应该经常用如何对待奴仆的道理教导她们，她们中一定有明白的人。

评析

这段仍然是谈论如何对待奴仆。作者认为仆人、婢妾天资多愚笨，显然是一种偏见。但作者对仆人个性、能力的分析却有道理，尤其是告诫雇主多加教诲、宽容奴仆的观点更应该值得肯定。

原文

人之居家，凡有作为兴造制作及安顿什物杂物，以至田园、仓库、厨、厕等事，皆自为之区处处理，筹划安排，然后三令五申以责付奴仆，犹惧其遗忘，不如吾志。今有人一切不为之区处，凡事无大小，听任凭奴仆自为谋自己计划打算，不合己意，则怒骂，鞭挞继之。彼愚人，止能出力以奉吾令而已，岂能善谋，一一暗合吾意？若不知此，自见多事。且如工匠执役做工，干活，必使一不执役者为之区处，谓之都料匠古代对营造师、总工匠的称呼。盖人凡有执为操作，则不暇他见，须令一不执为者，旁观而为之区处，则不烦扰而功增倍矣。

导读

人们居家过日子，凡是有兴作及摆放杂物，以至有关田地、仓库、厨房、厕所等事务，都要自己亲自筹划安排，然后三令五申地交代奴仆去做，还怕他们遗忘，干得不符合自己的想法。现在的人什么都不亲自筹划，无论大事小事，都让奴仆自己安排，如果他们做得不合自己的心意，便大骂，随之鞭挞。这些愚笨的人，只能按照我们的指示出力干活而已，哪能会谋划安排，一切都合乎我们的心意？如果不了解这一点，那是自寻烦恼。譬如工匠做工，一定安排一个人不做工只负责筹划工作，称为“都料匠”。凡是工匠操作就要专心，让一个不做具体工作的人，在旁观察筹划作整体安排，这样则不需烦心而事半功倍。

婢仆有顽很顽固而不听话全不中适合，合意使令者，宜善遣之，不可留，留则生事。主或过于殴伤，此辈或挟心里怀着怨为恶，有不容言者不易说出口。婢仆有奸盗及逃亡者，宜送之于官，依法治之，不可私自鞭挞，亦恐有意外之事。或逃亡非其本情，或所窃止于饮食微物，宜念其平日有劳，只略惩之，仍前依照从前留备使令可也。

奴仆中有顽固而完全不听使唤的，应该妥善打发他们走，不可留用，留了会生出是非。主人如果殴打太过，这类人可能心怀怨恨使坏，有些事不易说出口。婢女仆人中有犯奸淫、盗窃、逃跑的，应该送官府依法处置，不要私自鞭挞，也恐怕发生意外。有的逃跑并非本意，有的所偷盗的东西也就是一些食物或小东西，主人应该念他们平日的辛劳，只是略微惩罚一下，依旧留下来供使唤就行了。

评析

前一段讲做雇主的不要一切都劳动仆人，自己什么也不干，要善于安排，让仆人执行；后一段讲对不合适的仆人应该及早辞退而不要殴打他们，犯罪的要送官府惩治而不要私自鞭挞，对小偷小摸更要宽容。这些论述除了依然重复奴仆愚笨的陈腐老调之外，倒是一个雇主的聪明之见。

原文

婢仆有小过，不可亲自鞭挞，盖一时怒气所激，鞭挞之数必不记，徒徒然且费力，婢仆未必知畏。惟徐徐慢慢责问，令他人执而挞之，视其过之轻重而定其数。虽不过怒，自然有威，婢仆亦自然畏惮畏惧，敬畏矣。寿昌历史上浙江境内的一个县。今并入建德市，设寿昌镇胡氏彦特之家，子弟不得自打仆隶，妇女不得自打婢妾。有过，则告之家长，家长为之行遣处置，发落，子弟擅打婢妾，则挞子弟。此贤者之家法也。

婢仆有过，既已鞭挞，而呼唤使令差遣，使唤，辞色言语神色如常，则无他事。盖小人受杖，方

导读

男女仆人中有犯小错的，不要亲手鞭挞他们，因为一时怒气太大，鞭挞的次数必然不记得，不仅没什么效果而且费力气，他们也未必知道害怕。只有慢慢责问，让别人实施鞭挞，根据他们过错的轻重确定鞭挞的次数。这样虽然怒气不大，自然保持威严，奴仆也自然知道敬畏。寿昌县胡彦特家子弟不得亲手殴打奴仆，妇女不得亲手殴打侍妾和女仆。奴仆有过错，则禀告家长，由家长发落。子弟擅自鞭挞奴仆的，亦鞭挞子弟。这真是贤明之人的家法呀！

奴仆有过错，鞭挞惩罚过后，呼叫和使唤他们时，说话、表情与平常一样，就不会发生别的事情。大凡小人受了杖责，心中怨恨，

而主人的怒气仍然不消，恐怕有些会想不开而轻生自杀。

内内心怀怨，而主人怒不之释即怒不释之。怒气未消，恐有轻生而自残自杀者。

评析

这两段谈论惩罚奴仆应该注意的事项，尤其是关于家长和子弟不要亲手鞭挞仆人、惩罚以后待他们如平常一样等观点无疑都是正确的。

原文

婢仆有无故而自经上吊者，若其身温，可救。不可解其缚fù。绑，须急抱其身令稍高，则所缢处必稍宽。仍更令一人以指于其缢处渐渐宽之。觉其气渐往来，乃可解下。仍急令人吸其鼻中，使气相接交接，连续，乃可以苏苏醒。或不晓此理，而先解其系处，其身力重，其缢处愈急更紧，只一嘘气吐气，便不可救。此不可不预知也。如身已冷，不可救或救而不苏，当留本处，不可移动。叫集邻保邻居保人。古代邻居十家为一保。一户生事，九户联保，以事闻官指向官府报告。仍令得力之人日夜同与守视，恐有犬鼠之属残其尸也。自刃不殊指自杀没死。殊，死，宜以

导读

奴仆有无故上吊自杀的，如果身体温热，就还有救。不可解开脖子上的绳索，必须赶紧将他的身体抱高一些，使得勒住脖子的绳索稍微放松，同时另一个人将手指插在绳子里，把绳索一点点松开，感觉上吊者的呼吸渐渐平稳，才可以解开放下来。这时还要赶紧让人向鼻中吸气，使得呼吸保持连续，这样就可以复苏了。有的人不懂得这个道理，而是先解脖子上的绳索，因为上吊者的身体重，反而使得勒住脖子的绳索更紧，只有吐气便救不活了。这些不可不预先知道。如自杀者身体已经发凉，不可救了或救不过来，就应当留在原处，不要移动尸体。叫来邻居们，报告官府。同时派得力的人日夜看守，恐怕狗和老鼠啃咬尸体。对用刀

物掩其伤处。或已绝（气绝），亦当如前说。人家有井，于甃（zhòu。砖砌的井壁）处宜为缺级（留出、空出台阶），令可以上下。或有坠井投井者，可以令人救应。或不及，亦当如前说。溺水，投水，而水深不可援者，宜以竹篙及木板能浮之物投与之。溺者有所执，则身浮，可以救应。或不及，亦当如前说。夜睡魇死（魇，也称“梦魇”。指人在睡觉时，因受惊吓而喊叫，或者觉得有东西压在身上，不能动弹。实际上这是一种生理现象。古人不解，感到恐怖，称为“鬼压身”。这种现象一般不会致人死亡。袁采说的“魇死”，很可能是心脑血管疾病导致的死亡。魇 yǎn）及卒死（猝死。突然死亡。卒 cù，同“猝”）者，亦不可移动，并当如前说。

自杀未死者，要用东西掩盖住他的伤口。如果死了，也像前面那样处理。有井的人家，应该在井壁上留出可以上下的台阶，这样如果有不慎掉到井里或者跳井的，就可以方便救应。如果没有救活，也如前面所说方法处理。对不慎落水或投水自尽的人，水深不可救援的，适宜用竹篙、木板等能漂浮的东西扔给他。水里的人抓到这些东西，身体浮在水面上就可以获救。假如淹死了，也如上面所说的处理。夜里睡觉时因“鬼压身”死亡或者猝死的人，也不可移动他，处理方法同上。

评析

这段讲述的还是主仆关系的处理问题。主要是对自杀奴仆的处理方法。作者分别对上吊、用刀自残、跳井、落水、猝死等情况的抢救方法和尸体处理方式，不厌其细，详尽具体地给予说明、指导。袁采真是一个见多识广的学者型官员，传授的这些知识具体、实用、可操作，使人受益。

得意不宜再往

原文

婢仆欲其出力办事，其所以御饥寒之具（手段，方法），为家长者不可不留意。衣须令其温，食须令其饱。士大夫有云：“蓄婢不厌多，教之纺绩，则足以衣其身；蓄仆不厌多，教之耕种，则足以饱其腹。”大抵小民有力，足以办衣食。而力无所施，则不能以自活（养活自己），故求就役于人。为富家者能推（推广，由此及彼）恻隐之心，蓄养婢仆，乃以其力还养其身，其德至大矣。而此辈既得温饱，虽（即使）苦役之，彼亦甘心焉。

婢仆宿卧去处（场所），皆为检点（检查），令冬时无风寒之患。

导读

想要奴仆们出力做事，他们的温饱所需，做主人的就不可不关心。衣服必须让他们穿得暖，饭必须让他们吃饱肚子。有士大夫说：“雇佣的女仆不怕多，教她们纺织，则足够她们穿的；雇佣的男仆不怕多，教他们耕种，则足够他们吃的。”大致上这些小民只要肯卖力气，就有足够他们吃穿用度的。只因为他们有力没有地方使，才无法养活自己，所以到雇主家里做工换碗饭吃。家庭富裕的雇主，应推广同情之心对待这些奴仆，让他们以自己的劳动来养活他们自己，这是大德啊！而这些奴仆得到了温饱，虽然做工辛苦，也会心甘情愿。

奴仆们住宿的房子都要检查，确保冬天不受风寒之苦。甚至那些牛、马、猪、羊、猫、狗、鸡、鸭之类的动物到冬天天气寒冷时，也要分别为它们准备好牢固的圈舍供它们栖息。这些都是善良人的仁爱用心，体现在人和动物身上都是一个道理。

以至牛、马、猪、羊、猫、狗、鸡、鸭之属遇冬寒时，各为区处居处牢圈栖息之处。此皆仁人之用心，见物我外物与己身为一理也。

评析

这里谈的是雇主要关心奴仆的衣食住所，即要让仆人吃饱、穿暖、住好。尽管这样做的最终目的还是要他们更多更好地为主人劳动，给主人带来更多的财富，但也显示了作者的开明心态。尤其值得称道的是，袁采主张做主人的，甚至也要关心那些牛、马、猪、羊、猫、狗、鸡、鸭等家禽、家畜的冷暖，佛家讲众生平等，同时这也是中国儒家宣扬的仁民爱物思想的具体体现。

原文

飞禽走兽之与人，形性虽殊不同，而喜聚恶wù散，贪生畏死，其情则与人同。故离群则向人悲鸣，临庖被宰杀时则向人哀号。为人者，既忍狠心而不之顾，反怒其鸣号者有矣。胡何不反己以思之？物之有望于人，犹人有望于天也。物之鸣号，有诉于人，而人不之恤，则人之处患难、死亡、困苦之际，乃竟然欲仰首叫号，求天之恤耶？大抵人居处在病患不能支持之时，及处囹圄líng yǔ。监狱不能脱去之时，未尝不反复究省平日所为，某者为恶，某者为不是。其所以改悔自新者，指天誓日面对苍天和太阳发誓可表。至

导读

与人相比，飞禽走兽的外表、性情虽然不同，但是喜欢相聚而厌恶离散、贪生怕死都跟人一样。所以，飞禽走兽离了群就会向人悲鸣，被宰杀时也会向人哀号求救。有的人不但狠心不顾，反而恼怒它们的哀号。人为什么不反过来考虑考虑？动物在危难时希望得到人的救助，犹如人在危急时刻也希望得到上天帮助一样。动物哀号，求助于人，而人却不同情可怜它，那么人在面临患难、死亡、困苦的时候，为何要仰头呼号，祈求上天的怜悯关照呢？大概人生了重病支撑不住的时候，以及身陷囹圄不能脱身的时候，总是要反复回忆、反省自己平日的所作所为，哪些是做的坏事，哪些是不对的。此时他们会指天对日地发誓表示要痛改前非。一

病患平宁及脱去罪戾罪过，过失，则不复记省，造罪作恶无异往日。余前所言，若言于经历患难之人，必以为然。犹恐痛定之后不复记省。彼不知患难者，安知不以吾言为迂迂腐。指言行或见解陈旧、不合时宜？

旦病情好转，或者释放出狱，就不再记得曾发过的誓言，犯罪作恶又如同往日。我所说的这些，假如是说给经历过磨难的人听，必定认为是正确的。但是恐怕有些人还是好了伤疤忘了疼。那些没有经历过磨难的人，怎能知道他们不会认为我说的话迂腐呢？

评析

这里继续阐述仁民爱物的思想。将飞禽走兽有望于人，与人在面临困难患难时祈求上天的帮助加以类比，以强调人们应该注意培养自己的仁爱之心。

原文

有子而不自乳，使他人乳之，前辈已言其非矣。况其间求乳母于未产之前者，使不举（料理）己子而乳我子。有子方婴孩，使舍之而乳我子，其己子呱呱（gū gū。象声词。婴儿啼哭声）而泣，至于饿死者。有因仕宦他处，逼勒（逼迫，强迫。勒 lè，约束，强迫）牙家（犹牙人。旧时居于买卖双方之间，从中撮合，以获取佣金的人），诱赚良人之妻，使舍其夫与子而乳我子，因（于是）挟以归家，使其一家离散，生前不复相见者。士夫递相庇护，国家法令有不能禁，彼独（难道）不畏于天哉？

导读

自己生了孩子而不亲自哺乳，却让别人代为喂养，前辈已指出这种做法的错误。何况还有人要求乳母在孩子未生之前就来家里，使乳母生下孩子后不能哺育自己的孩子而哺乳人家的孩子。还有的乳母孩子尚小，主人家却让她舍弃亲生孩子而给自己的孩子喂奶，乳母自己孩子却因没有奶吃而哭闹不止，有的甚至因此饿死。有的人在外地做官，就逼使专门买卖妇女的牙婆，让她诱骗良家妇女，丢下自己的丈夫、孩子来哺乳他的孩子。于是挟带奶妈回到他的家里，致使奶妈一家离散，生前都不能再相见。这种事情，士大夫们总是相互庇护，国家的法令也无法禁止，难道他们就不怕遭到天谴？

评析

这段批评有些富裕人家或者官宦之家，自己不哺育孩子，却雇佣乳母，使人家的孩子忍饥挨饿，甚至使得乳母一家骨肉分离。袁采认为这是严重违背法令和道德的事情，但他也只能谴责而已，他无法改变这种不公平的社会现实。

原文

以人之妻为婢，年满而送还其夫；以人之女为婢，年满而送还其父母；以他乡之人为婢，年满而送归其乡。此风俗最近厚敦厚，厚道者，浙东浙江东部士大夫多行之。有不还其夫而擅擅自嫁他人，有不还其父母而擅与嫁人，皆兴讼之端。况有不恤其离亲戚，去离开乡，役之终身，无夫无子，死为无依之鬼，岂不甚可怜哉！

蓄奴婢，惟本土人最善。盖或有病患，则可责要求其亲属为之扶持帮助，帮扶；或有非理自残，既有亲属明其事因，公私又有质证对质证明。或有婢妾无夫、

导读

雇佣别人的妻子作为婢女，期满之后应当送还给她的丈夫；雇佣别人的女儿作为婢女，期满之后应当送还给她的父母；雇佣外地的人作为婢女，期满以后应当将她送回家乡。这种风俗最符合人情事理，浙东一带的士大夫大多这样做。有人不让她们回到自己丈夫、父母身边，而擅自做主嫁给别人，都容易引起官司。况且不怜悯她们背井离乡，远离亲人，奴役终身，没有丈夫和孩子，死后也是孤魂野鬼，那岂不是十分可怜吗！

蓄养的奴婢最好是本地人。因为如果他们有个病痛，就可以让他们的亲属帮助照顾；如果他们无端伤了自己，既有亲属明了其中原因，又使公了或者私了有了对证。如果有的婢女没有丈夫、

孩子、兄弟等亲人可以依靠，有的奴仆无家可归，就应当考虑到他们对自家有功劳而不可不加以赡养，应当预先通过乡邻作保，让他们向官府说明情况。或者事先为其选好配偶，使婢女有所嫁，男仆有所娶，都可以避免他日出现难以预料的祸患。

雇佣女婢和男仆要找靠得住的中介人和担保人。这些中介人和担保人，都不可以由自家人担任。买了婢女和侍妾后，应当仔细询问她们的来历，防止其中有被人贩子诱拐的良家女子。一旦出现这种情况，就应该立即向官府禀告，不可以将婢妾还给卖家，因为这些人可能会伤害她们的性命。

买婢妾时必须问清楚愿不愿意典卖。如果不愿典卖，则不可

子、兄、弟可依，仆隶无家可归，念其有劳，不可不养者，当令预经邻保（邻居），自言并陈于官。或预与之择其配（配偶），婢使之嫁，仆使之娶，皆可绝他日意外之患也。

雇婢仆，须要牙保（立契的中介人和保人）分明（光明磊落）。牙保又不可令我家人为之也。买婢妾既已成契（签订契约），不可不细询其所自来。恐有良人子女，为人所诱略（引诱掠夺。略，掠夺）。果然，则即告之官，不可以婢妾还与引来之人，虑（顾虑）残（残害）其性命也。

买婢妾须问其应（接受）典卖不应典卖。如不应典卖，则不可

原文

成契。或果穷乏无所倚依，须令经官自陈，下保审会下交保人仔细问明一切情况，方可成契。或其不能自陈，令引来之人于契中称说："少与雇钱，待其有亲人识认，即以与交与之也。"

导读

以签押文契。如果此人确实贫穷没有依靠，必须让她自己向官府说明情况，并交保人详问各情，才能签押文契。如果此人不能说明情况，就让中介人在文契中写上："付少许佣金，等有亲人来认领，就将她交与她的亲人。"

评析

这几段是谈论买卖和使用婢女问题。袁采这里谈了几种情况，告诫雇佣婢女的家庭要讲究人道，遵守信用，对被人贩子诱拐的良家女子一定要认真甄别，不要让人贩子残害她们。宋代官府和法律上允许买卖奴仆，袁采的这些论述充满人道主义情怀，令人钦佩。

导读

在族人、邻居和亲戚们中间，有一些狡猾、诡诈子弟，他们恃强凌弱，损人利己。富有人家多用这种人作爪牙，且因此得到一时的恣情快意。这种人内心里奸邪，但表面上却表现出顺从主人的样子，富家子弟责骂、耍弄他们，他们也能容忍，所以富家子弟非常喜欢他们。将来家长去世后，引诱富家子弟为非作歹的，都是这种人。大概做家长的自己必须老练，又有智慧谋略能驾驭得了这些小人，这样才能利用他们的才能为自己服务。至于做子弟的又必须有像他的父兄一样的贤明智慧，才能无虑。如果才智仅中等，很少有人不被这些小人蛊惑，以至于败坏家业的。《新唐书》上说："妖魔鬼怪，白天则隐伏休息，夜里便肆意放纵。"说的正是这类小人。子弟们如果平时

原文

族人、邻里、亲戚有狡狯（狡猾。狯 kuài）子弟，能恃强凌人，损彼益此。富家多用之以为爪牙，且得目前快意。此曹内既（已经）奸巧，外常柔顺，子弟责骂狎玩常能容忍，为子弟者亦爱之。他日家长既殁（mò。死）之后，诱子弟为非者，皆此等人也。大抵为家长者必自老练，又其智略能驾驭此曹，故得其力。至于子弟，须贤明如其父兄，则可无虑。中材（指中等智略的人）之人，鲜不为其鼓惑（煽动迷惑），以致败家。唐史（《新唐书》卷二十五）上说："妖禽孽狐，当昼则伏息自如，得夜乃佯狂（装疯）自恣（放纵自己，不受约束）。"正谓此曹。若平昔延接（迎送接待）淳

原文

厚刚正之人，虽言语多拂违背，不顺人意，而子弟与之久处，则有身后之益。所谓“快意之事常有损，拂意之事常有益”。凡事皆然，宜广多，深思之。

导读

交结一些淳朴、敦厚、刚强、正直的人，虽然这些人的话不一定中听，可是与他们相处久了，日后会受益匪浅。这就是俗话所说，“让你称心如意的事常常对你有害，不合你心意的事却常常会对你有益”。凡事都是这样，这个问题值得深思。

评析

这里谈子弟的交往问题。告诫富贵之家一定不要让子弟交结那些狡猾诡诈、恃强凌弱、损人利己的人，要交结那些淳朴、敦厚、正直的人。做家长的必须十分注意，不然会让子弟毁了辛辛苦苦挣来的家业。

导读

对于管仓库的人，必须经常检查他的账本，审查核对库内所存的东西；对于管理谷米的人，必须严格查看他的账本，要他慎重地管好粮仓的钥匙，一定要选择谨慎、诚实的人做这种保管工作；做放贷和货物买卖这种事的人，必须选择秉性忠厚、爱惜家业的人才能托付。由于家产中等的人家，日常花费都难以应付，更何况是受雇于人的人，他的家庭温饱哪能保证？品性居中的人看到自己需要的东西，必然心动，更何况那些下层的卑贱、愚笨之人，见到吃、喝、享乐与美色，他们哪能不动心呢？这些人家里的财物向来满足不了他们的要求和欲望，因此只好在家里与家人一起忍饥挨冻，在外边则对别人的财物视而不见。可如今，东家这么多财物映入眼帘，如果东家天天严格管理，其贪欲可以暂时

原文

干人（宋朝富家和官家的差役）有管库者，须常谨（严格检查）其簿书（账本），审见其存；干人有管谷米者，须严其簿书，谨其管钥（锁和钥匙），兼择谨畏（谨小慎微）之人，使之看守；干人有贷财本兴贩者（借钱作本从事买卖的人），须择其淳厚，爱惜家业，方可付托。盖中产之家，日费之计犹难支吾（支撑），况受佣（雇佣）于人，其饥寒之计，岂能周足（完备，充足）？中人之性，目见可欲，其心必乱，况下愚之人，见酒食声色之美，安得不动其心？向来财不满其意而充其欲，故内则与骨肉同饥寒，外则视所见如不见。今其财物盈溢（充满）于目前，若日日严谨，此

原文

心姑姑且寝停止，平息。主者事势事态，形势稍宽，则亦何惮而不为？其始也，移用甚微，其心以为可偿，犹未经虑。久而主不之觉，则日增焉，月益焉，积而至于一岁，移用已多，其心虽惴惴，无可奈何，则求以掩覆。至二年三年，侵欺已大彰露，不可掩覆掩盖。主人欲峻严厉治之，已近噬脐shì qí。咬自己的肚脐。比喻办不到的事情。故凡委托干人，所宜警此。

导读

受到遏制。如果东家管理略微宽松些，那他还有何惧怕而不肆意妄为呢？开始时，只是挪用很少的财物，这时他心里以为将来能够赔偿得起，也未考虑后果。时间久了，发现主人没有觉察，他所移财物也一天比一天多，一月比一月多。一年以后，他挪用的财物已经很多，这时他虽然惴惴不安，但已无法挽回，只得想办法掩盖了。以致两三年以后，他的侵占、欺骗行为已经显露无遗，再也无法掩盖下去。东家虽然想严惩他，但已经无济于事了。所以凡是雇佣人，都要以此自警。

评析

这里谈家政管理用人要恰当，家中的重要事务，如对于仓库和账目的管理等，主人要托付可靠的人去办而且要勤于监督，防患于未然。

原文

国家以农为重，盖以衣食之源在此。然人家耕种，出于佃人租种官府或地主土地的农民之力，可不以佃人为重？遇其有生育、婚嫁、营造、死亡，当厚周优厚地周济之。耕耘之际，有所假贷，少收其息；水旱之年，察其所亏，早为除减免减。不可有非理之需，不可有非时之役耽误农时的劳役，不可令子弟及干人私有所扰，不可因其仇者告语，增其岁入之租，不可强其称贷举债，借贷，使厚供息，不可见其自有田园辄就起贪图之意。视之爱之，不啻于骨肉，则我衣食之源，悉借其力，俯仰可以无愧怍惭愧。怍 zuò矣。

导读

国家以农业为重，因为人的衣食都源于此业。既然这样，有的人家土地耕种，全靠佃户，怎么能不以佃户为重呢？遇到佃户有生孩子、婚嫁、建造、办丧事，东家就应当多多地周济他们。在耕种的时节，如果他们要求借贷，东家应少收利息；遇到旱涝年景，东家要调查佃户歉收情况，及早减免田租。做东家的不应该对佃户存有不合理的要求；不应该要求他们服不该服的劳役；不能让子弟们及手下人骚扰他们；不能因为与佃户有仇的人说了佃户的坏话，就增加佃户的年租；不能强迫佃户借贷，以谋取高息；不能见佃户有了田地就起霸占之意。当东家的应该对佃户加以珍视爱护，将他们视作自己的骨肉至亲。这样，我们的衣食都靠他们的劳动得来，也就无愧于天地了。

评析

真是开明的封建官吏的良心话！是的，没有佃户的耕种劳作，哪有富人们的生活资料？所以，应该厚待这些佃户。如果这些土地所有者都如袁采所言，对他们关心爱护，视同骨肉，真是佃户之福！可惜在古代社会能如此做的又有多少呢？

原文

佃仆妇女等，有于人家妇女、小儿处称“莫令家长知”，而欲重息以生借钱谷，及欲借质物（用作抵押的东西）以济急者，皆是有心脱漏（漏掉，遗漏。此指讹骗），必无还意。而妇女、小儿不令家长知，则不敢取索，终为所负。为家长者，宜常以此喻其家人知也。

尼姑、道婆（尼姑庵中做仆役的女子）、媒婆、牙婆（旧时汉族民间，以介绍人口买卖为业而从中牟利的妇女。是“三姑六婆”这些传统女性职业中的一种）及妇人以买卖、针炙为名者，皆不可令入人家。凡脱漏妇女财物，及引诱妇女为不美之事，皆此曹也。

导读

有些佃户、仆人和妇女等，瞒着主人向主人家的妇女、小孩借钱，告诉他们“不要让家长知道”，而且承诺付以高息，还有那些想借质物以救急的人，都是有心赖账，没有还的意思。而妇女、小孩借给他们东西是瞒着家长的，所以，就不敢前去索要，最终还是被这些人赖掉不还了。为家长的，应该经常给家人讲讲这些事以提醒大家。

尼姑、道婆、媒婆、牙婆以及妇人借买卖东西和针灸名义上门的，都不要让她们进门。大凡做诈骗妇女财物、引诱妇女做坏事的，都是这类人。

评析

这几段中心意思是说，不要轻易让生人进入家门，教育家人不要贪图利息随便借人金钱。“害人之心不可有，防人之心不可无”，原则上说是对的。

原文

池塘、陂湖湖泽。陂 bēi，积蓄水的池塘、河埭dài。堵水的土堤，蓄水以溉田者，须于每年冬月水涸hé。水干枯之际，浚jùn。疏通，挖深之使深，筑之使固。遇天时亢旱大旱，虽不至于大稔大丰收。稔 rěn，庄稼成熟，亦不至于全损。今人往往于亢旱之际，常思修治，至收刈收割。刈 yì，割（草或谷类）之后，则忘之矣。谚所谓“三月思种桑，六月思筑塘”，盖伤人之无远虑如此。

池塘、陂湖、河埭，有众享其溉田之利者，田多之家当相与率倡倡导，带头，令田主出食，佃人出力，遇冬时修筑，令多蓄水。及用水之际，远近高下，分水必均，非止利己，又且利人，

导读

池塘、湖泊与河道堤坝，都是用来蓄水灌溉田地的，必须在每年冬天河水干涸的时候，疏浚深挖，加固大堤。这样遇到天气大旱时，虽然不能获得大丰收，但也不至于颗粒无收。现在的人往往在大旱来临，才想到兴修水利，可等到秋收以后却忘得干干净净。谚语所说的“三月思种桑，六月思筑塘”，大概就是感叹人无远虑的现象。

池塘、湖泊与河堤，如果大家共用它们灌溉农田，田多的家庭应当率先倡导兴修水利，让田地的主人出粮，佃户们出力气，冬季时节修筑堤坝，以便蓄水更多。到了需要浇水的时候，远近高低都能均匀地浇上水，这样不仅利己，而且利人，这种利益岂

不很大吗？现在的人该修筑堤坝的时候，不舍得出粮出力，到了需要用水的时候，却又奋力争抢，有的甚至拿起锄头等农具斗殴以至于闹出人命。即使不死人，也到了判刑、坐牢的地步，这难道不可悲吗？然而导致这种后果的，都是由于田地的主人吝啬造成的。

其利岂不博大哉？今人当修筑之际，靳jìn。吝惜，不肯给予出食力，及用水之际，奋臂振臂而起交争，有以锄耰锄和耰，泛指农具。耰 yōu相殴至死者。纵不死，亦至坐狱被刑受刑罚，岂不可伤？然至此者，皆田主悭吝 qiān lìn。吝啬之罪也。

评析

这两段谈兴修水利事宜。袁采是个非常称职的地方官，对农事了然于心。他劝诫人们每年冬天疏浚深挖池塘、湖泊与河道，加固大堤；鼓励田多的家庭率先倡导兴修水利，自家出粮，佃户们出力，以保证来年的灌溉。他还结合现实告诫地主们要舍得出粮出力，这样也才能使自己受益。

原文

桑、果、竹、木之属，春时种植，甚非难事，十年二十年之间，即享其利。今人往往于荒山闲地，任其弃废。至于兄弟析产分家，或因一根荄gāi。草根之微，忿争失欢。比邻相邻山地，偶有竹木在两界之间，则兴讼连年。宁难道不思使向来天不产此，则将何所争？若以争讼所费，佣工植木，则一二十年之间，所谓“材木不可胜尽用”也。其间有以果木果树逼于邻家，实利有及于其童稚，则怒而伐去之者，尤更加，格外无所见见识也。

导读

桑树、果树、竹子等树木，春季时种植并非什么困难的事，种上十年、二十年，就能坐享其利。现在的人往往任凭那些荒山闲地荒废，可当兄弟分家时却能因为争一根草棒而闹气、反目。相邻的山地上，偶尔有竹木长在地界中间，他们能因争夺它们连年打官司。这些人怎么不想想，假如地界上不长这些竹木，还争什么呢？如果把用于打官司的钱，用来雇人种植树木，那么只要一二十年时间，就会如孟子所说“树木用也用不尽”了。还有的人家果树紧靠邻居地边种植，果实有时被邻居家的小孩偷了，便一怒之下把果树砍了，这更是缺少见识。

评析

这段谈种植果木。兄弟、邻里之间不必锱铢必较，诚如袁采所言，十年树木就能得利，与其为争一棵树而打官司不休，不如在荒山闲地种树。袁采的观点，值得所有因此闹矛盾的人们深思，不独于古人。

原文

人有小儿，须常戒约约束，莫令与邻里损折果木之属；人养牛羊，须常看守，莫令与邻里踏践山地六种之属六谷之类，即稻、粱、菽、麦、黍、稷。这里泛指庄稼；人养鸡鸭，须常照管，莫令与邻里损啄菜茹菜蔬、六种之属；有产业之家，又须各自勤谨勤劳谨慎。坟茔山林，欲聚丛浓密长茂荫映，须高其墙围，令人不得逾越；园圃种植菜茹、六种及有时果时令果品去处，严其篱围，不通人往来，则亦不至临时责怪他人也。

导读

有小孩子的人家，必须经常告诫、约束他们，不要让他到邻居家损坏、折断果树等植物；饲养牛羊的人家，一定要常看护好它们，不要让它们跑到邻居家地里糟蹋庄稼；饲养鸡鸭的人家，必须经常照看管理它们，不要让它们到邻居家的地里叼啄蔬菜庄稼；拥有产业的人家，必须人人勤劳谨慎地加以守护。坟地、山林，要想绿树成荫，必须砌上高墙，使人不能翻爬进来；菜园、苗圃里种植的蔬菜、水果，要围严篱笆，不让人通行。这样，便不至于出了问题再责怪他人了。

评析

这里谈的看似是鸡毛蒜皮小事，对于邻里和睦却十分重要。

导读

家里有田园山地的，地界不能不标清楚。在分家另过、置买田产土地的时候，尤其要弄清楚这些，人们发生争执、诉讼多数是因此引起的。比如田地，有的因地块地势不平，一块分为了两块；有的为了便于耕作管理，两块合为了一块；有的在宅基地上种田了，也有的把田地改成了宅基地；还有的把街道、道路和水沟都改了。官府虽然对此有界图记载，但因时间太久，损坏、腐烂，没有保存下来的很多。况且改变地界又没有经过官府差役查验和邻居保人见证，岂不引起更大的争端？有的人家田地地势高的，如果经常维修田埂地界，不让它倾倒；房屋宅基地和园子等如果能够及时修筑垣墙，坏了随

原文

人有田园山地，界至不可不分明。异居（分居）分析之初，置产制卖之际，尤不可不仔细，人之争讼多由此始。且如田亩，有因地势不平，分一丘（田地划分单位）为两丘者；有欲便顺（方便顺当），并两丘为一丘者；有以屋基山地为田，又有以田为屋基园地者；有改移街、路、水圳（zhèn。田边的沟渠）者。官中虽有经界（土地的分界）图籍，坏烂不存者多矣。况又从而改易，不经官司（官府）、邻保验证，岂不大启争端？人之田亩有在上丘者，若（假如，如果）常修田畔（pàn。田界），莫令倾倒；人之屋基园地，若及时筑垒垣墙，才损即修；人之

原文

山林，若分明挑掘沟堑，才损即修。有何争讼？惟其卤莽粗率，冒失，田畔倾倒，修治失时，屋基园地，止用篱围，年深坏烂，因而侵占。山林或用分水，犹可辨明，间有以木、以石、以坎用作分界线而挖的沟为界，年深年久不存。及以坑为界，而外又有一坑相似者，未尝不启纷纷不决之讼也。至于分析止凭阄书古代社会民间分家的一种契约。分家时先将家产均分成数份，在文契中载明，参与分家的再以拈阄的方式确定各自继承的那份产业。阄 jiū，典买承典人支付典金占有出典人财产称典买。承典人有权在双方约定的典期内享有该财产的使用权和收益权，届满以后承典人返还财产，收回典金止凭契书，或有卤莽，该载不明，公私皆不能决，可不戒警戒哉！间有典买山地，幸希望其界至有疑，故令故意使元契原始契约

导读

时修补；山林如果以沟堑划清界限，一有损坏马上修好。还能发生诉讼吗？唯有那些粗率的人，地界毁坏了却不及时修复，房屋宅基地和园子，仅用篱笆围住，年久失修造成坏烂，因而容易侵占。山林如果用作分水岭，尚可分辨清楚，若有以木、石和沟坎为界的，由于年深日久就找不到了。还有的以坑为界，由于坑外又有一个坑与其相似，致使无法辨认，这些怎能不容易引起纠纷、诉讼呢？至于分割家产只凭阄书，典买财产只凭契约，有的粗率疏忽，记载得不明确，自己和官府都不能判断清楚，这些都要引以为戒！间或有人典买山地，倒希望山界存在不明晰的地方，所以故意在原契约上写上“界限不

称说不明，因而包占者，此小人之用心。遇明有司，自正其罪矣。

明”字样，乘机吞占别人的田产，这是小人的别有用心。如果遇到贤明的官吏，自然要追究他的罪责。

评析

地界划分清楚也是农家邻里关系融洽、减少矛盾纠纷必须注意的。袁采这里谈的许多注意事项具体详细，只要照此办理，定会减少不少分歧！怪不得他的同窗好友刘镇在序中称袁采的这部书，“其言精确而详尽，其意则敦厚而委曲，习而行之，诚可以为孝悌，为忠恕，为善良而有士君子之行矣”。

原文

分析之家置造阄书，有各人止录己分所得田产者，有一本互见他分其他人分的者。止录己分，多是内有私曲偏私不合理。曲，不合理，不欲显暴，故常多争讼。若互见他分，厚薄肥瘠指田地有的质量好，有的质量差。瘠jí，土地不肥沃，可以毕全，都见，在官在私，易为折断判断。此外，或有宣劳出力，效命于众，众分弃与田产；或有一分独薄，众分弃与田产；或有因妻财、因仕宦置到，来历明白；或有因营运置到，而众不愿分者，并宜于阄书后开具。仍须断约约定，不在开具之数则为漏阄，

导读

分家产时置办分家阄书，有的只在各自阄书上记录各自所得田产，有的于一本阄书中可以看出他人分产的情况。只记自己分得田产的阄书大多有不公正的地方，不想暴露出来让别人知道，因而常常引起争执和诉讼。如果能够相互对照参看他人分到的田产，那么田产无论肥沃或者贫瘠，都可以一目了然，无论官府判决还是私下解决都很容易。此外，如果有人为他人辛苦，众人将部分田产分给他；或者有一人田地特别贫瘠，众人将部分田产分给他；或者有人因为妻子的财产、做官后置办的田产，来历清楚；或者有人因为经商置办的田产，而其他人不愿意分这些田产的，都应该在分家文契后面开列清楚。并且应该约定，不在开列之数的田产则为漏阄，这些田

产即使分家后，也应该允许分过田产的人另外要求均分。这样就可以杜绝隐瞒田产的弊端，不至于兄弟间连年争吵、官司不断。

虽分析后，许应分人别求均分。可以杜绝隐瞒之弊，不至连年争讼不决。

评析

这段谈分析家产如何分才能减少矛盾，要点是公平公正，签订契约。正如俗话所说，“亲兄弟，明算账”“先明后不争”。只有“明”在先，才能“不争”在后。

原文

导读

人有求避役徭役者，虽私分财产甚均，而阄书、砧基砧基簿。是一种经官府与户主共同确认、用来编造地册及税额的一种底簿。上边标明田地形状、数量、四至边界等，简单说就是田产底账。砧 zhēn则装在一分之内，令一人认役承担徭役，其他物力低小，不须充应充当，承担。而其子孙有欲执书契而掩有尽数占有之者，遂兴诉讼。官司欲断从实，则于文有碍；欲以文断，而情则不然。此皆俗曹凡夫俗子初无远见，规避设法避免于目前而贻yí。遗留，留下争于身后，可不鉴此。

人有已分财产而欲避免差役，则冒同宗有官之人为一户籍者，皆他日争讼之端由也。

县道贪污，遇有析户印阄，

有人为逃避徭役，虽然私分的财产非常公平，但文契的田产底账则装在一份内，这样只要一个人承担徭役，其他人无须承担。而后代子孙中有人想凭契书吞并全部财产，于是打起了官司。官府想据实判决，则与文契不符；想据文契判决，而又不合实情。这都是因为凡夫俗子本无远见，只顾规避目前而留争端给后人，这不应该引以为鉴吗！

有的人已经分了财产又想逃避差役，于是假冒与同宗族做官的人为一户人家（宋代为官者不服劳役），这都是将来发生争执和诉讼的根源。

县府的贪官污吏，遇到分割

家产需要在文契上盖章的人家就敲竹杠。普通百姓怕花费，都私下里办理交割而不去官府加盖印章。年代久了，贫富差别大了，亲情也疏远了，有些人家就发生了争执诉讼。一方强调田产早已平均分配，只是文契丢失了；一方强调还有财产没有分完，没有签订文契。官府依据文契则违背实情，依据实情则与文契条文不符。故而往往久拖不决。凡是分家另立门户的家庭，应该随即到官府盖章公证，以杜绝后患。

则厚有所需。人户惮于所费，皆匿隐藏而不印，私自割析。经年既深，贫富不同，恩义顿疏，或至争讼。一以为已分，失去阄书；一以为分财未尽，未立阄书。官中从文则碍情，从情则碍文，故多久而不决之患。凡析户之家，宜即印阄书，以杜后患。

评析

这几段论述的是，不要贪小便宜，弄虚作假可得一时之利，但会留下长久之害！这是至理，任何时代都不过时。

原文

人户交易，当先凭牙家索取阄书砧基，指出丘段围号（指田地的方位和面积。段，地段；围，区域；号，记号、标志），就问见（同"现"）佃人，有无界至交加、典卖重叠。次问其所亲，有无应分之人，出外未回，及在卑幼，未经分析。或系弃产（此处指废弃的田产），必问其初应与不应受弃。或寡妇卑子（幼子），执凭（凭据，文书）交易，必问其初曾与不曾勘会。如系转典卖，则必问其元契，已未投印（官府盖印），有无诸般（各种）违碍，方可立契。如有寡妇幼子，应押契人（在文书上画押签字的人），必令人亲见其押字。如价贯（价钱的数目）、年月、四至（旧时田地四周的界限）、亩角（田的四角所到的地方），必即书填（填写）。应债负货物（还债依靠物品来充当）

导读

与人交易田产，应当先通过中介人索要阄书与砧基簿，指出所划分田地的位置与面积，询问当时租种的佃农，田地边界有没有叠加的？同一田产是否重复典卖的？此后再询问卖方的亲属，有没有应分得这块田产但外出未回的人，以及太过年幼还没有分得田产的人。如果是废弃的田产，必问清楚当时该不该接受这些废弃的田产。如果是寡妇或年幼的孩子拿田产文书进行交易，一定要问他们当初有没有审定核查。如果属于转手典卖，那么一定要问清最初的文契有没有到官府盖印，是不是存在可能造成麻烦的地方，问清楚后才能签订文契。如果有寡妇幼子作为押契人，一定要亲眼看到他们签押字据。像交易的价格、年月、边界、面积，一定要当即书写好。原本用来抵债的货物如果不可用，一定要付现钱。取钱要写明地址，担保人要写上真实姓名。制订好文契后，一定要立即到官府盖印，以防出现先签订文契后交易的情况。签订文契后，一定要办理交接手续，以防出现先接管产业后交易的情况。交接后一定要分割税收，以防因为迟延拖拉不能分割税收，而被人告发以致被拘押没收。

不可用，必支见钱。取钱必有处所，担钱人担保人必有姓名。已成契后，必即投印到官府盖印，虑有交易在后而投印在前者。已印契后，必即离业卖主同卖出的土地脱离关系，虑有交易在后而管业在前者。已离业后必即割税又称“过割”“割受”“割移”“改割”等。指卖田的家庭到官府注销卖出部分的田亩，官府根据民户所卖田宅的田色、亩数，减少卖家的税收，将减少的部分由买家承担，虑因循迟延拖拉不割税而为人告论告发论罪，以致拘没者。

评析

这里谈交易田产注意事项，最重要的是契约的签订和田产的交接。签订契约一定要小心谨慎，方方面面都要考虑周到，以免日后发生纠纷。

原文

官中条令，惟交易一事最为详备，盖欲以杜杜绝，制止争端也。而人户不悉，乃至违法交易，及不印契、不离业、不割税，以至重叠交易，词讼连年不决者，岂非人户自速自己招来其辜罪哉！

凡邻近利害欲得之产，宜稍增其价，不可恃其有亲有邻及以典至买及无人敢买而扼è。把守，控制损减少其价。万一他人买之，则悔且无及，而争讼由之以兴也。

导读

官府制定的条例，只有涉及交易的最为详细完备，大概是为了杜绝争端吧。但是普通人不熟悉这些条例，乃至于违反法律进行交易，以及不签文契、不交出产业、不纳税，以至于重复交易，连年打官司也难以判决，这些人难道不是自讨苦吃吗？

凡是涉及自身利益想要买到的产业，应该稍微提高它的价钱，不可以倚仗卖方与自己沾亲带故，或者对方属于典卖，或者没人敢买就压低它的价钱。万一别人买去，那就后悔不已，而争执、诉讼也因此产生了。

评析

这里继续谈田产交易，买卖双方必须遵守法纪，及时履行相关手续，防止将来发生诉讼。作者尤其告诫那些与出卖人沾亲带故的买者，更要体恤对方，别让他们吃亏，更不能趁机损害人家的利益。

导读

凡是违反律法的田产交易，即使价格再便宜，也不可以与人交易。等到事情被揭发至官府，那么所付出的代价可能是原来的十倍。然而富人通常都喜欢买这样的田产，自称将来打官司无非多花钱。这种癖好无药可救，但多会给自己和子孙后代留下许多隐患。

凡是交易必须每项条款都要符合规定，这样就没有后患了。不可以倚仗买卖双方关系密切就不加防备，一旦双方关系破裂，就都成为争端。如果有交易后没有收全货款以及赎买产业未曾签订契约等情况发生，应当立即理论清楚，或者报告官府，以避免将来打官司。切戒！切戒！

原文

凡田产有交关交易违条违反法律条款者，虽其价廉，不可与之交易。他时事发到官，则所费或十倍。然富人多要买此产，自谓将来拼钱与人打官司。此其癖不可救，然自遗患自己给自己留下祸害与患及子孙者甚多。

凡交易必须项项每一项合条，即无后患。不可凭恃人情契密亲切，亲密，不为之防，或有失欢，则皆成争端。如交易取钱未尽及赎产不曾取契之类，宜即理会去着，或即闻官，以绝将来词诉诉讼，告状。切戒，切戒！

评析

还是谈论田产交易，还是告诫人们遵守法律规定，不要贪小便宜，不要因买卖双方关系密切而不履行手续，否则要吃大亏。今天的农户土地虽不允许买卖，但可以流转租让，仍然有注意手续合法与否的问题。

原文

导读

贫富无定势，田宅无定主。有钱则买，无钱则卖。买产之家当知此理，不可苦害卖产之人。盖人之卖产，或以缺食，或以负债，或以疾病、死亡、婚嫁、争讼。已有百千之费，则鬻百千之产。若买产之家，即还其直，虽即使转手无留，且可以了其出产卖出之产业欲用之一事。而为富不仁之人，知其欲用之急，则阳距明里拒绝而阴钩暗中策划之，以重扼其价。既成契，则姑暂且还其直之什一二十分之一二，约以数日而尽偿。至数日而问焉，则辞推辞以未办。又屡问之，或以数缗授之，或以米谷及他

贫富本来就不是固定不变的，田地房产也没有固定不变的主人。有钱则可以买来，没钱则可以卖掉。买田产的人家应当明白这个道理，不要乘机坑害那些因困难而卖田产的人。大凡人卖田产，要么是因为缺少食物，要么是因为欠了别人的债，要么是因为生病、死亡、娶妻嫁女、打官司等。需要多少钱就卖多少财产。如果买主能够按财产的实际价值购买，卖主即便是卖完了家产，也还能解决用钱问题。可是有些为富不仁之人，知道人家急用钱，便表面拒绝购买而暗中却筹划着如何压低价格。等到订立了契约之后，只给人家十分之一二的钱，其余的约定数日内交清。到了时间去问他，又推托说尚未准备好。以后屡次催他，也只给你数千文钱来打发你，或者用米谷和其他东

物高估价而补偿之。出产之家必大窘乏，所得零微，随即耗散，向之所拟以办某事者，不复办矣。而往还取索，夫力之费人力的花费又居其中。彼富者方自窃喜，以为善谋，不知天道好还即恶有恶报的同义语，有及其身而获报得到报应者，有不在其身而在其子孙者。富家多不之悟即不悟之，岂不迷哉！

西折合成高价还你。这样，卖财产的人家必然非常窘迫，卖家产零散得到的钱，很快就耗费掉了，先前打算用这些钱要办的事也办不成了。而往返索取还得另花精力和费用。那个得了便宜的富人却在暗自高兴，以为自己智谋高超，殊不知上天迟早是要报应的，有的就报在他本人身上，有的不报在本人而在他的儿孙身上应验。那些有钱人家大多不明白这个道理，真是执迷不悟啊！

评析

民谚说“风水轮流转”，“富贵本无常”。袁采告诫富裕之家不要为富不仁，不要趁机坑害那些急需变卖田产解决困顿的人家。尽管从科学上说，不存在因果报应，但袁采富贵本无常的论点和劝人为善的本意都是值得肯定的。

原文

假贷钱谷，责令还息，正是贫富相资互相依赖不可阙者。汉时有钱一千贯者，比千户侯古代的封号。意为食邑千户的侯爵，有向千户人家征税的权利，谓其一岁可得息钱二百千，比之今时未及二分。今若以中制中等规格论之，质库当铺月息自二分至四分，贷钱月息自三分至五分。贷谷以一熟农作物的一次成熟论，自三分至五分，取之亦不为虐nüè。无节制，过分，还者亦可无词。而典质之家至有月息什而取一者，还者亦可无词。江西江南西路的简称。宋代的江南西路是一个行政区，约相当于今江西省有借钱约一年偿还而作合子即合子钱。一本一利，本利相等立约者，谓借一贯文约还两贯文。衢之开化衢州开化县。衢qú借一秤禾而

导读

借贷钱财粮食，要求偿还利息，这是贫富相互依赖不可缺少的两个方面。汉朝时有一千贯财产的人，比得上食邑千户的王侯，因为他一年可以得到利息二百千，与今日相比利息却不到二分。从今天一般情况看，典当的每月利息在二分到四分之间，贷款每月利息在三分到五分之间，借粮食按照一年一熟算，利息收取在三分到五分之间，这些也不算过分，借贷的人也没有什么可抱怨的。当铺月息有的达到十分之一，典当的人也没什么抱怨的。在江西有借钱约定一年偿还并且以复利计算的，即借一贯钱约定要还两贯钱。衢州开化县人借出一秤粮食，却要收回两秤

粮食，浙西富户借出去一石米，却要收回一石八斗，这些做法都极不仁义。然而，父祖辈们通过这种不仁义的办法从别人那里攫取的，子孙们也会以同样的方式偿还人家，所谓的善恶终有报应，由此可以看出来。

那些通过土地侵夺或经济侵占等不正当手段致富的人家，看到有一定家产的人家子弟昏庸愚昧，等到他们需要借钱应急时，大多强行借钱给他们。有的人借钱时请那些子弟大吃大喝讨好他们，或者借钱后数年也不催他们还钱。等到利息积累多了，再设宴招来他们，让他们同意将该付的利息也算进本钱里面，从而增加更多利息，又诱导威胁他们用田产折算偿还。虽然法律严禁这类事情，但大多数借贷的人都是

取两秆。浙西（浙江西路的简称）上户（富户）借一石（容量单位。十斗为一石）米而收一石八斗，皆不仁之甚。然父祖以是而取于人，子孙亦复以是而偿于人，所谓天道好还，于此可见。

兼并（合并，吞并。通常指土地侵夺或经济侵占）之家见有产之家子弟昏愚不肖，及（到）有缓急（指危急之事或发生变故之时），多是将钱强以借与。或始借之时，设酒食以媚悦（取悦）其意，或既借之后，历数年不索取。待其息多，又设酒食招诱，使之结转并息（结算过去的账，把原来的本与息合并转为更大的本）为本，别更生息，又诱勒其将田产折还。法禁虽严，多是幸免，

原文

惟天网不漏。谚云“富儿更替做”，盖谓迭相酬报也。

导读

幸免。只是天网恢恢，疏而不漏，那作恶的人终究会受到严惩。谚语说“富家子弟轮流做”，大概说的就是这种贫富更迭报应的情形吧。

评析

这里阐述的是在经济交易活动中要存善心，“君子爱财，取之有道”，不要谋取暴利，不要得不该得到的钱财。不然，谚语说的“富家子弟轮流做”就会兑现。虽然袁采的说教有封建迷信意味，但就其劝善抑恶的动机看来，今天仍有积极意义。不管什么时代，都不能乘人之危。

导读

轻易借贷的人向你借债，不要借给他。这种人必定是无赖之人，他借债时就已经不打算还。凡是借给别人的钱粮，借的少就容易偿还，借的多则容易赖账。所以，借别人一百石粮食、一百贯钱的人，虽然他有能力偿还，也是不肯还的，而宁愿把应该还给人家的钱财来花作诉讼的费用，这种人多了。

凡是敢借债的人，必定会说日后宽裕了一定偿还。他不知道今日不宽裕，将来怎么能宽裕呢？这好比一百里的路程分两天走完，那么两天都能走完该走的路；假如把今天该走的路一并放到明天一起走，虽然走到筋疲力尽也走不完。凡是没有远见的人，为了求得眼前一时的宽裕而借债，日后必然导致负债累累，这种人没有不败家的。切记以此为鉴！

原文

有轻于举债（借债）者，不可借与，必是无籍（不可靠。指无赖汉）之人，已怀负赖（拖欠要赖）之意。凡借人钱谷，少则易偿，多则易负。故借谷至百石，借钱至百贯，虽力可还，亦不肯还，宁以所还之资为争讼之费者多矣。

凡人之敢于举债者，必谓他日之宽余可以偿也。不知今日之无宽余，他日何为而有宽余？譬如百里之路，分为两日行，则两日可办（做到），若欲以今日之路，使明日并行，虽劳苦而不可至。凡无远识之人，求目前宽余而那积（挪用积累）在后者，无不破家也。切宜鉴此！

评析

这段说的是不要向那些轻易举债的人借款。看看当今社会有多少人落入非法集资陷阱而血本无归，就知道袁采的忠告多有道理！

导读

凡是有家产的，必须交纳赋税。因此必须事先把纳税的部分提留出来，剩下的用作日常的费用，免得官府要的急，又没有钱交，就得借债来交税，或者要托专门承揽代为交税的人代行交纳，然后再高价偿还，这些都可以耗尽家产。通常说的贫穷而节俭，自然是一种贤德，也是一种美称，切不要因此而感到羞愧。如果能晓得此理，就没有败家的忧患了。

纳税虽然官府有规定的期限，还是早些交纳为好。比如交纳漕运上缴的官粮，如果不趁天气晴朗及早交纳，想拖拖再交，假如正好遇到连日雨雪，怎么办呢？然而官府办事人员多不体谅民情，如交纳秋米，开始时既要求粮食干透、颗粒饱满，还加重折耗，后来粮食又湿

原文

凡有家产，必有税赋。须是先截留输纳之资缴纳国家的资财，却将赢余分给日用。临到时为官中所迫，则举债认息，或托揽户专以承揽他人税赋输纳从中取利者兑纳而高价算还，是这些皆可以耗家。大抵曰贫曰俭，自是贤德，又是美称，切不可以此为愧。若能知此，则无破家之患矣。

纳税虽有省限官府的限期，须先纳为安。如纳苗米漕运上缴的官粮，若不趁晴早纳，必欲拖后，或值适逢雨雪连日，将如之何？然州郡多有不体量民事，如纳秋米秋税，初时既要干圆，加量为扣除折耗而加重量又重，后来纵纳湿恶潮湿低劣，

原文

加量又轻，又后来则折为低价。如纳税绢，初时必欲至厚实者，后来见纳数之少，则放行轻疏轻忽，马虎，又后来则折为低价。人户及揽子即揽户，多是较量前后轻重，不肯搀先抢先。搀 chān送纳，致被县道追扰。惟乡曲贤者，自求省事，不以毫末之较微小的计较遂愆期失约，误期。愆 yǎn，耽误也。

导读

又不好，又少加折耗，再后来就折为低价。再如交纳布帛的，开始要厚实的，后来见交得少就疏忽了，再后来又折变为低价。普通百姓和专门承揽代为交纳的人，大多比较前后轻重，不肯先交纳，终致被县府追讨扰害。唯有那些乡里的明白人，但求省事，不因计较这些小的利益而耽误交纳期限。

评析

这两段论述的是依法纳税要及时。只要有需要维持的国家机器或管理机构，就需要收取赋税以供开支。作者告诫的预先留出税金、晚交不如早交、不要等到官府追缴时再交，这些观点，放在今天也不过时。

导读

乡里有号召大家捐钱捐物以造桥、修路和打造渡船的人，大家应该根据自己的财力给予资助，不能说自己捐舍了钱财而得不到益处就不予支持。况且如果将来道路修成了，你早出晚归，仆人和马匹都无危险，你乘车马、过河过桥时，也不至于担惊受怕，这不都是你所获得的福报吗？

原文

乡人有统率纠集，统筹钱物以造桥、修路及打造渡航渡船者，宜随力助之，不可谓舍财不见获福而不为。且如造路既成，吾之晨出暮归，仆马无疏虞意外及乘舆马、过渡桥，而不至惴慄zhuì lì。恐惧而战栗者，皆所获之福也。

评析

捐钱捐物，周济贫穷，支持造桥、修路等公益事业，在传统社会就是积极倡导的善举，这种人道精神仍然是我们今天应该努力提倡的。

原文

人之经营财利，偶获厚息，以致富盛者，必其命运亨通顺利通达，造物者阴赐致此。其间有见他人获息之多，致富之速，则欲以人事强夺天理硬要违背天理。如贩米而加以水，卖盐而杂混杂，夹杂以灰，卖漆而和以油，卖药而易以他物，如此等类，不胜其多。目下多得赢余利润，其心便自欣然，而不知造物者随即以他事取去，终于贫乏。况又因假坏真以亏本者多矣，所谓“人不胜天”。大抵转贩经营，须是先存心地仁厚之心，凡物货必真，又须敬惜敬重爱惜，如欲以此奉神明。又须不敢贪

导读

一个人做买卖，偶然获得丰厚的盈利，以至于成了暴发户，一定是他运气很好，得到造物主暗地里的赏赐。其中有人见他获利丰厚，致富神速，就想走违背天理的歪门邪道发财致富。比如贩米就在米里加上水，卖盐就在里面掺上灰渣，卖漆就在漆里和上油，卖药就用其他东西以假充真，诸如此类，不胜枚举。眼下多得利润，心里便高兴异常，而不知道上天随即会用其他方式收回去，终于让你贫困如初。况且因掺杂使假致使商品变坏无法卖出而亏本的多了。这就是所谓“人算不如天算”。大抵从事转运贩卖经营的人，必须先有善良的心地，凡是卖的货物一定要是真货，还要敬重爱惜，如同以此敬奉神明。还应不敢贪图厚利，任凭天

理安排，虽然眼下获利少，但肯定没有后患。

求厚利，任天理如何，虽目下所得之薄，必无后患。

评析

读这段文字，觉得袁采不是在谈八九百年前的事，而是说的今天。看看这些造假贩假、以次充好的做法，与现在一些无良商人的做法没有任何区别，今天的奸商甚至有过之而无不及，害人更甚！解决的办法显然单靠作者因果报应的说教是不行的，必须依法严惩，使他的违法成本无法承受甚至倾家荡产才能取得显著成效！

原文

至于买扑宋、元时期的一种包税制度。宋初对酒、醋、集市、渡口等的税收，由官府核计出应征数额，招商承包。包商（即买扑人）缴纳保证金给官府，取得征税权。后来改由承包商自行申报税额，出价最高者获得包税权坊场官府开设的市场之人，尤当如此，造酒必极醇厚清洁，则私酤私自酿酒。酤，卖酒之家，自然难售。其间或有私酝私人偷偷酿酒。酝yùn，酿酒，必审仔细思考，反复分析研究止绝之术禁绝私酿的方法，不可挟倚仗此打破，人家朝夕存念，止欲趁办赶办官课官府的税收，养育孥累妻子老小。不可妄求厚积，及计会会计，计算。会kuài司案，拖赖官钱。若命运亨通，则自能富厚，不然，亦不致破荡。请以应开坊开设坊场之人观之。

导读

至于承包坊场税收的买扑人，尤其应当如此，酿造的酒一定要非常醇厚清洁，那么私人酿造的酒，自然就卖不出去了。这其中如果有私人偷偷酿酒，必须慎重制止，不可倚仗势力打碎其酒坛，人家日夜都存于心中的念头，不过是想赶办官税，养育妻子老小而已。不可非分追求多积财富，以至于算计文案，拖赖公款。假如命运亨通则自然能发家致富，不发家，也不至于破败家业。请考察那些承应开设坊场的人，看看是不是这样。

评析

买扑（包税）制度今天不存在了，但袁采的告诫仍然可取。

导读

建造房屋，最是难事，那些年龄大、阅历广的人对建造房屋尚不熟悉，更何况那些未经世事的人呢？这些人不因建造房屋而破产的很少。因为在准备建造房子的时候，必须首先与工匠们商议。这时工匠们唯恐主人担心开销过大而打消盖房的念头，于是他们就故意减少预算，节省费用。这时主人听信了他们的话以为自己财力可以承受，于是下决心盖房。但开工后工匠们就逐渐扩大建筑的规模，建房的费用比预算的增加了好几倍，而房子还没建完一半。主人势必不能半途而废，只得借债和变卖田产来支付建房费用。工匠们却庆幸房子没造成而自己得的工钱却越来越多。我曾劝说那些想建房屋的人，要用十几年时间积累建造房屋的费用，逐步建设，这样房屋建成了，家里依旧富裕如常。建造房

原文

起造屋宇，最人家至难事。年齿长壮（年长齿壮。指已成人），世事谙历（熟习，有经验。谙 ān，熟悉，精通），于起造一事犹多不悉，况未更事（阅历世事。更，经历）？其不因此破家者几希（很少）。盖起造之时，必先与匠者谋。匠者惟恐主人惮费而不为，则必小其规模，节其费用。主人以为力可以办，锐意（愿望迫切，态度坚决）为之，匠者则渐增广其规模，至数倍其费，而屋犹未及半。主人势不可中辍（中途停止。辍 chuò，停止，中止），则举债鬻产；匠者方喜兴作之未艾（ài。止息，尽），工镪（工钱。镪 qiǎng，钱串，引申为钱）之益增（更加增多）。余尝劝人，起造屋宇须十数年经营，以渐为之，则屋成而家富自若。盖先议

原文

基址，或平高就下，或增卑地势低下为高，或筑墙穿池，逐年渐为之，期以十余年而后成。次议规模之高广，材木之若干，细至椽chuán。椽子、桷jué。方形的椽子、篱屋顶材料之一，用竹、苇、树枝等编成，上面放瓦、壁、竹、木之属，必籍登记其数，逐年买取，随即斫削斫zhuó砍削成形。，期以十余年而毕备。决议瓦石之多少，皆预以余力积渐而储之。虽僦雇雇车船载运。僦jiù，租赁之费，亦不取办于仓卒仓促，匆忙，故屋成而家富自若也。

导读

子首先要确定地基地址，或者将高的铲平，或者将低的填高，或者筑墙凿池，这样逐年做起，计划用十多年完成。其次是确定房屋的规模，然后准备若干木材，要细致到椽、桷、篱、壁、竹子、木材之类，必须登记数量逐年购置，随后砍削成形，计划用十多年而准备齐全。然后再商议需要多少瓦片石头，都应该根据余力逐渐积攒储备。即便是雇车船运载的费用也要事先准备好，不至于临时筹办。这样，房子建好以后，家中仍会像以前一样宽裕。

评析

本段谈论的是家庭建造房屋之事。一般认为建造房屋是家庭富裕、家业兴旺的标志，但作者却给人一个醍醐灌顶的忠告：建筑房屋可致家业破败！读了作者的分析，不能不为其远见卓识折服。

历代名家点评

〔元〕——郑文融等

郑文融（生卒年不详），字大和（一说『太和』），郑绮第六世孙。元浙江浦江人。主持家政时，订立族规五十八条，后经郑钦、郑铉、郑涛等数代人的修订补充，计得一百六十八项，名为《郑氏规范》。郑氏家族，自南宋郑绮开始，历经宋、元、明三代，一再受到封建统治者的表彰。元武宗旌表其为『孝义门』。明朱元璋赐以『江南第一家』的美称。

《郑氏规范》又叫《郑氏旌义编》。关于这部家训的作者，《元史》和《明史》的说法有些出入。据《明史》的记载，最早是郑绮的六世孙郑文融，他首订家规58则。此后，七世孙郑钦增70则，其弟郑铉又加92则。最后，八世孙郑涛依据时事的变迁，率诸弟郑泳、郑澳等与其兄郑濂、郑源共同作了较大的修改，总为168则，即流行至今的《郑氏规范》。

《郑氏规范》的内容非常丰富具体，从冠婚丧祭仪礼到饮食衣服之制，从理财治家经验到为人处世之道，从修身齐家到处理亲朋邻里关系，几乎面面俱到。尽管其中也有不少纲常礼教、繁文缛节，但也有不少内容至今仍有积极意义，特别是在人际关系的调适和处世之道的修养方面。

第一，家长要“至公无私”“至诚待下”

《郑氏规范》的作者认为，家庭的管理如同国家的管理一样，要有一套行之有效的组织机构，家庭的治理依赖于家长的品德和行为的公正。家长和分管家政的子弟要出于公心，“谨守礼法，以制其下”，“家长专以至公无私为本，不得徇偏”。为家长者要严于律己，以身作则，“当以至诚待下，一言不可妄发，一行不可妄为”，要“以量容人，常视一家如一身”。

第二，以礼法治家

《郑氏规范》的作者认为，“既称义门，进退皆务尽礼”。为此，《郑氏规范》一是规定子弟家人加冠、结婚、丧葬、祭祀时要按照朱熹《家礼》中的礼节而行；二是根据自家的实际制订了一些具体的礼节仪式。这些礼仪虽有封建礼教糟粕，但其中仍有不少是值得肯定的。比如，《郑氏规范》对祭祀、丧葬仪礼的规定就要求遇到父祖忌辰，不做佛事，不做纸钱、寓马之类，“丧事不得用乐”。

第三，勤俭持家

郑氏家族在当时称得上是一个殷实之家，但在勤劳节俭方面，对家人的要求一点也没放松。如《郑氏规范》对家人从事劳动的要求就很严格，规定“子孙黎明闻钟即起，监视置夙兴簿，令各人亲书其名，然后就所业”。而妇人轮流做饭，十天一轮；其他人平时聚集一处，从事纺纱织布等劳动，按10%的比例予以奖励。

《郑氏规范》指出，“家业之成，难如登天，当以俭素自绳是准”。为了避免家人竞买奢侈之物，规定“各房用度杂物，公房总买而均给之”。《郑氏规范》规定，在日常生活的许多方面都要务求节俭。譬如，即便逢父母舅姑的生日，也不设宴席；娶妇“不得享宾，不得用乐”，等等。

第四，对家人、子弟全面系统的教育和约束

1. 日常家庭道德的教育。《郑氏规范》规定，每天早晨，击钟为号，家人集中于“有序堂”，让男孩、女孩分别朗诵劝善戒恶及和睦家庭、慈爱子孙等家庭道德的《男训》《女训》。此外，还规定每逢初一、十五，参谒祠堂以后，家长也要率领家人朗诵夫和妇顺、兄友弟恭之类的训词。为了保证家庭成员间的和睦相处，《郑氏规范》不少地方规定了子弟与尊长间的道德准则，其中自然有“卑幼不得抵抗尊长”的不合理要求，但也告诫为长者“亦不可挟此自尊，攘拳奋袂，忿言秽语，使人无所容身，甚非教养之道”。子弟若有过错，应反复教育，不得已再加体罚。

2. 为官之道的教育。郑氏家族是一个大家族，在外做官的人不少，为此，家规专门对为官子弟的行为加以规范约束。要他们“既仕，须奉公勤政”，任满不可留恋，“亦不宜恃贵自尊”。叮嘱他们报效国家，体恤百姓，“蚤夜切切以报国为务，抚恤下民，实如慈母之保赤子”。《郑氏规范》特别强调要廉洁，“不可一毫妄取于民”，并对贪污者予以严厉惩罚，规定“有以赃墨闻者，生则于谱图上削去其名，死则不许入祠堂”。

3. 婚姻生育观念的教育。《郑氏规范》对子女择偶标准的规定是比较开明的，指出“婚姻必须择温良有家法者，不可慕富贵以亏择配之义”。还规定不许置妾：“子孙有妻子者，不得更置侧室”，若年过四十无子，才可纳妾。另外，《郑氏规范》对世人溺死女婴的行为给予批评，并规定“违者议罚”。这在盛行纳妾和重男轻女的时代，确是值得称赞的开明观念。

4. 人道主义及和待乡曲的教育。救难怜贫、讲究人道在传统家训中常有体现，而《郑氏规范》在这方面尤为突出。它规定，对同宗族的人要多加体恤帮助：缺粮者每月给谷六斗；不能婚嫁者助之；宗族子弟上学，免其学费；“无地者听埋义冢之中”；无衣裘者量力助之……不仅宗人，即使乡亲里党，也要予以资助。借给粮食不收利息；“其鳏寡孤独果无以自存者，时赒给之”；“收贮药材”，以治邻族疾病。更为可贵的是家规明确要求，子孙当尽力修桥补路，“以利行客”；自六月初到八月初，在交通要道设一两处茶水供应站，招待过往行人。《郑氏规范》还要求生育孩子的妇女，“苟无大故，必亲乳之。不可置乳母，以饥人之子”。

《郑氏规范》要求家人对佃户和家中仆人要多加关照。要体谅佃户的辛苦，不得增加田租数量。仆人有病，“当痛念之，延良医以救疗之”。家训还叮嘱家人要谦恭谨慎，宽厚待人，特别是对乡亲邻里，更要“宁我容人，毋使人容我”。

5. 子孙品德修养的教育和治家理财能力的培养。在品德方面，除了上述家庭道德和人道主义等的教育之外，尤其注重对子孙修身做人、处世之道的教育。《郑氏规范》约有四分之一的条目是这方面的内容。它将品德修养放在首位，强调时时“以仁义二字铭心镂骨”。要求子孙言谈举止要合乎礼仪，“子孙不得谑浪败度，免巾徒跣。凡诸举动，不宜掉臂跳足，以蹈轻儇”，“不得从事交结”，不得从事吏胥、僧道、屠夫等职业，以免“坏乱心术”。家规要求子孙“处事接物，当务诚朴”，不得“引进倡优，讴词献技，娱宾狎客”，“不得畜养飞鹰猎犬，专事佚游”等。不过，《郑氏规范》中也有一些不合理的过分要求。如“子侄年非六十者，不许与伯叔连坐”，甚至连下棋、词曲、养鸟之类的个人爱好都不允许。

在知识和能力的培养上，《郑氏规范》特别重视子弟文化知识的学习。家里广储书籍，并制订了详细的学习规程：小儿五岁，就要“参祠讲书”、学礼；“八岁入小学，十二岁出就外傅，十六岁入大学”；假如到了二十一岁，学业上还无成就，就令他们学习治家理财的本领。

为了开阔子弟的眼界，使之通晓人情世故，并培养其治家、谋生的能力，家规规定“凡子弟，当随掌门户者，轮去州邑，练达世故，庶无懵暗不谙事机之患”。这对生活在偏僻农村的子弟，的确是非常必要的。

第五，家政管理机构的设置及制度的规定

郑氏家族之所以能世代同居，在很大程度上依赖于《郑氏规范》对家庭事务的管理作了一系列明确的规定，使之有章可循。既保证了家长及其他管理人员行为的公正性，又减少或避免了家庭成员之间的矛盾冲突，维持了大家庭的稳定和谐。《郑氏规范》中对郑氏家族的家政管理组织的设立、职能以及管理、监督制度作了详细具体的规定，设有家长、典事、监视、主记、掌门户（大约相当于家政顾问）、新管、旧管、羞服长、堂膳、掌钱货、掌营运、知宾等管理职位。各个管理者职责分明。一个数千人的大家族，其管理人员仅仅二十人，其效率是高的。更值得肯定的是，主要的管理者之间还有着彼此的制约和监督，从而保证了家政管理的公平合理。

《郑氏规范》经过历代的补充完善，形成了一套卓有成效、颇具特色的教化方法，从而保证了家规的落实。

一是规定明确，便于操作。《郑氏规范》168则，涉及家政管理、子孙教育、冠婚丧祭、为人处世等各个方面，每方面都有明确具体的规定。使得家人当行则行，当止则止。例如，第143则对防火用品等的规定是“凡可以救灾之具，常须增置，若油篮系索之属。更列水缸于房闼之外，冬月用草结盖，以护寒冻。复于空地造屋，安置薪炭。所有辟蚊蒿烬，亦弃绝之”。这是何等的具体、可操作！

二是恩威并施，奖惩结合。《郑氏规范》在家庭管理上坚持的原则是“立家之道，不可过刚，不可过柔，须适厥中”。其中对违反家规的行为都有惩罚性的措施，不仅对普通的家庭成员，而且对管理者同样如此。比如，为了督促新管增强责任心，对所管的谷麦及时收晒，防止霉烂，规定如出现这种情况，则“罚本年衣资棉线不给”。对遵守还是违反家规者的奖惩不光是经济上的，还有精神和肉体上的。

三是严格选拔管理者、实行民主监督的制度，起到了道德考核和教育、约束的作用。郑氏家规对家庭管理组织的成员从德才方面实行了较为严格的选拔措施，如羞服长要选“廉谨有为者”，掌管钱财的要“择廉谨子弟”等。同时也规定对所有管理人员均实行监督制度。家长有过失，“举家随而谏之”，“若其不能任事，次者佐之”。其他管理人员不称职的撤换，好的则可连任，如第49则规定：“所用监视及新旧管，其有才干优长不可遽代者，听众人举留。”这种用人及管理监督制度，既是理财治家的保证，也是对家长和所有管理者的道德考核和教育约束。

四是教育及管理制度化。这是郑氏家族能够持家长久的重要保证。如前所述，这个家族的日常家庭伦理道德的教育形成了一套完备的制度，不仅每逢初一、十五聚会时要朗诵道德歌诀、家规祖训，而且每天在“有序堂”要未成年子弟朗诵男女训诫之词。平时在家庭生产、生活的各个方面都有相应的制度规定，连一日三餐都是集中会餐，男子在“同心堂”，女子在“安贞堂”，老人在“眉寿堂”。如果违反，则给予一定的制裁。这种制度郑氏家族的成员自幼熟知，而嫁到郑家的媳妇，《规范》要求在半年内要“通晓家规大意”，如做不到，就“罚其夫”。

郑氏家族作为载入宋、元、明三代史书，被皇帝屡次旌表的显赫家族，其家规《郑氏规范》及其教化实践都对当时社会和后世产生了深远的影响。

首先，“义家气象”的楷模，对封建社会秩序的稳定起了重要的作用，因而被封建统治者树为样板，大力提倡。明太祖朱元璋还亲自接见郑家八世孙郑濂，请他给皇家子孙讲课。其次，对后世家规家法、族规族法的订立和家政管理、家庭教育等都产生了深远的影响。再次，世代同居、共财和睦的大家庭模式及其家训教化，加速了封建社会后期儒家伦理世俗化的过程。这种以孝义治家的大家庭模式，经统治阶级的倡导，对社会的伦理教化起了典范的作用。尤其重要的是，这个大家庭治家教子、立身处世的家训，更为社会提供了可以师法、操作的范本。这都对封建社会后期儒家伦理更加社会化、世俗化，起到了加速的作用。

原文

立祠堂一所，以奉供奉先世神主祖先的牌位，出入必告正即告庙。有事告于祖先。至朔望农历每月初一称为朔，十五称为望必参参拜，俗节必荐时物。四时四季祭祀，其仪式并遵文公指南宋理学家朱熹《家礼》。然各用仲月每季度的第二月望日行事，事毕，更行会拜之礼。

时祭之外，不得妄随意祀邀福祈福。凡遇忌辰父母或祖先去世之日，孝子当用素衣祭祀时所穿的白衣致祭。不作佛事，象钱寓马古代祭奠死者时所用的纸钱、纸马等，亦并绝之。是日不得饮酒、食肉、听乐，夜则出宿于外。

祠堂所以报本指受恩思报，不忘本源。宗子家族的嫡长子当严洒扫扃jiōng。门闩钥之事，所有祭器服不许他用。祭

导读

建立一所祠堂，来供奉祖先的牌位，遇到重大事项必须到祠堂禀告祖先。每月初一、十五两日族人必须到祠堂进行参拜，逢重要节日必须供奉应季的新鲜果品。一年四季祭祀的仪式一概遵循文公《家礼》。但举行祭礼的日子定为每季第二个月份的十五日，祭祀事宜完毕后，众人再举行会拜之礼。

除四季祭祀之外，不得随意祭祀求福。凡遇到先祖忌辰，孝子应该穿着素衣举行祭祀。不请僧人做佛事，冥钱、纸马等也不得使用。当日孝子不允许喝酒、吃肉、听乐，夜里应当宿在外面。

祠堂是追思祖先的地方。家族嫡长子必须严格管理洒水扫地、关锁门窗等事宜，所有祭器礼服不可另作他用。祭祀用的器物和

衣服，有深衣、席褥、盘盏、碗碟、椅桌、盥盆等等。

祭祀一定要孝敬，以表达对祖先恩德感激之情的诚心。如果有人在行礼时不恭敬，随意离开席位，站不直、打哈欠伸腰、打嗝儿、打喷嚏、咳嗽等一切失礼之事，由管理祠堂事务的督过对其进行惩罚。如果督过不说，大家就惩罚督过。

拨出良田一百五十亩，往后逐渐增加，将田租另外收储，专门用作祭祀所用的花费。田券印上“义门郑氏祭田”六个字，田地的名称、亩数也应当刻在石碑上，立于祠堂的门首左面，让子孙永远保管守护。如有人提议抵押、出卖祭田，以不孝论罪。

器服，如深衣（华夏民族传承时间最久的传统服饰。上衣和下裳相连在一起，用不同颜色的布料作边缘。宋朝作为礼服）、席褥、盘盏、碗碟、椅桌、盥盆之类。

祭祀务（必须，一定）在孝敬，以尽报本之诚。其或行礼不恭，离席自便，与夫跛倚（偏倚，站不正）、欠伸、哕噫（打呃，打嗝儿。哕 yuě，呕吐，气逆）、嚏咳，一切失容之事，督过（负责监察族人过错的人）议罚。督过不言，众则罚之。

拨（分给）常稔之田一百五十亩，世远逐增，别蓄其租，专充祭祀之费。其田券印“义门郑氏祭田”六字，字号步亩（面积），亦当勒石祠堂之左，俾（bǐ。使）子孙永远保守。有言质鬻（质，抵押。鬻 yù，卖）者，以不孝论。

原文

子孙入祠堂者，当正衣冠，即如祖考祖先在上。不得嬉笑、对语、疾步，晨昏皆当致恭而退。

导读

子孙进入祠堂，应当端正衣冠，像先祖就坐在上面一样。不可以嬉笑、谈话、快跑，早晨和黄昏进入祠堂都应该行礼后再退出。

评析

这部分谈的是有关祭祀方面的规范。《左传》中讲："国之大事，在祀与戎。"在漫长的封建社会中，祭祀先祖始终是家族中极为重要的事情之一。因此，《郑氏规范》开篇便对祭祀事宜作出规定。"祭祀务在孝敬，以尽报本之诚。"点出了祭祀的核心，即诚敬，以此感念祖先的恩德。同时，作者提出的节俭祭祀的思想也是值得肯定的。

导读

家族的嫡长子，上要供奉先祖，下要团结族人。族长应当竭力教育他。如果他不贤，应当按照横渠先生的观点，选择其他贤能的人担任。

各处坟茔，每逢过年、清明及十月初一，子孙应当亲自前往祭扫，但不得让妇女一同前往。不可以砍伐靠近墓地的竹林、树木。各处庵堂、庙宇更应当及时修葺。至于修筑陵墓的相关要求，可以效法《家礼》，不必过于奢侈。

年代久远，塌陷外露的坟茔，嫡长子应当选择洁净的泥土添加在坟茔上。重新立上石碑，深深刻上逝者姓名，以免受到雨水侵蚀难以辨别。

四月初一，是浦江一系先祖

原文

宗子上奉祖考，下壹团结，凝聚宗族。家长家族的首领当竭力教养。若其不肖贤，当遵横渠张子北宋理学家张载。陕西凤翔郿县横渠镇人，也称横渠先生之说，择次贤者易替换之。

诸处茔冢yíng zhǒng。坟墓。茔，坟地，岁节及寒食即清明、十月朔，子孙须亲展省检查，察看，妇人不与参加。近茔竹树，不许剪拜砍伐。拜，通“𢪔”，折断，各处庵宇，更当葺治修葺，整治。葺qì，原指用茅草盖房屋，后泛指修理房屋。至于作冢制度，已有《家礼》可法效法，不必过奢。

坟茔年远，其有平塌浅露者，宗子当择洁土益增加之。更重新立石，深刻名氏，勿致湮灭难考辨别，考证。

四月一日，系初迁之祖遂

原文

阳府君（指初迁浦江的先祖郑淮）降生之朝。宗子当奉神主于有序堂，集家众行一献礼（向神主献祭之礼。古代献祭隆重的有初、亚、终三献，此行一献，取其庄重而不烦琐），复击鼓一十五声。令子弟一人朗诵谱图一过（一遍），曰“明谱会”。团揖而退。

导读

遂阳府君的生辰。嫡长子应当将神主牌位供奉在有序堂上，召集族人行一献礼，再击鼓十五下，让一子弟朗诵先祖家谱一遍，称作“明谱会”。朗诵完毕，众人相互作揖后退下。

评析

嫡长子继承制是封建宗法制度的一个核心内容。因此，嫡长子在家族中拥有极高的地位，是家族的代表。郑氏一族并不拘泥于现有制度，家训规定当宗子才德不足以服众时，族长可以另择他人担任宗子。这在一定程度上对家族继承人加以制约，使其时刻警醒自己，更好地承担作为宗子的职责，这在封建社会中是开明之见。

导读

每月初一、十五两日，族长率领族人拜谒祠堂完毕，出坐于堂上，男女分开立于堂下。击鼓二十四声，让一名子弟领唱训词：听！听！听！凡是为人子的一定要孝顺父母，做妻子的一定要敬重丈夫，做兄长的一定要疼爱弟弟，做弟弟的一定要尊敬兄长。“听！听！听！不要因为私情而妨害大义，不要因为懈怠懒惰而荒废正事，不要纵情奢侈而受到上天的惩罚，不要因为听信妇人的谗言而伤了家庭和气，不要胡作非为而扰乱门庭，不要因为嗜酒而迷乱了人的本性。如果身上存在上述一种行为，就会损害你自己的德行，又会连累你的子孙后代。牢记这个祖训，因为它确实关系到一个家族的兴衰。一再地提醒大家，希望你们深深引以为戒。听！听！听！”众人一起作揖，分东西向坐下。再令子弟

原文

朔望，家长率众参谒（yè。拜见）祠堂毕，出坐堂上，男女分立堂下，击鼓二十四声，令子弟一人唱云：“听听听，凡为子者必孝其亲，为妻者必敬其夫，为兄者必爱其弟，为弟者必恭其兄。听听听，毋徇（xùn。顺从，屈从）私以妨大义，毋怠惰（倦怠，懒惰）以荒厥事，毋纵奢以干天刑，毋用妇言以间（jiàn。挑拨）和气，毋为横非以扰门庭，毋耽（dān。沉溺）曲蘖（制酒的药料。这里代指酒。蘖 niè）以乱厥（其）性。有一于此，既殒尔德，复隳（huī。毁坏）尔胤（yìn。后代），眷（深记）兹祖训，实系废兴。言之再三，尔宜深戒。听听听。”众皆一揖，分东西行而坐，复令子弟敬诵

原文

孝弟亦作孝悌。孝顺父母，敬爱兄长故实一过，会揖而退。

每旦，击钟二十四声，家众俱兴。四声，咸盥漱。八声，入"有序堂"。家长中坐，男女分坐左右。令未冠未满二十岁。古时，男子二十岁行冠礼，表示已成年子弟朗诵男女训戒之辞，《男训》云："人家盛衰，皆系乎取决于积善与积恶而已。何谓积善？居家则孝弟，处事则仁恕，凡所以济人者皆是也。何谓积恶？恃凭借己之势以自强，克强占人之财以自富，凡所以欺心昧心，起坏心思者皆是也。是故能爱子孙者，遗之以善；不爱子孙者，遗之以恶。《传》《易传》曰："'积善

导读

敬诵一遍有关孝悌的掌故，然后相互拜揖退下。

每天早上击钟二十四声，众人都应起床。击钟四声梳洗完毕，八声进入有序堂。家长坐在中间，男女族人分坐左右两侧，令未行冠礼的子弟朗诵男女训诫。《男训》说："一个家族的盛衰，都与平日是积善还是积恶有关。什么是积善？在家孝亲敬长，处事仁爱宽恕，凡是能够救济他人的都是善事。什么是积恶？凭借自己的势力强大自己，强占别人的钱财使自己富裕，凡是昧着良心做事都是积恶。因此真正爱子孙的，就留给他们善良；不爱子孙的，就留给罪恶。《易传》说：'积善之家，必有余庆，积不善之家，

之家，必有余庆；积不善之家，必有余殃。’天理昭然，各宜深省。”《女训》云：“家之和与不和，皆系妇人之贤否。何谓贤？事舅姑公婆以孝顺，奉丈夫以恭敬，待娣姒dì sì。妯娌以温和，接子孙以慈爱，如此之类是已。何谓不贤？淫狎淫，放纵；狎 xiá，亲近而态度不庄重妒忌，恃强凌弱，摇鼓是非，纵意徇私，如此之类是已。天道甚近，福善祸淫，为妇人者，不可不畏。”诵毕，男女起，向家长一揖，复分左右行，会揖而退。九声，男会膳于同心堂，女会膳于安贞堂，三时并同。其不至者，家长规之。

必有余殃。’道理很明显，大家都应该各自思考反省。”《女训》说：“一个家族是否和睦，与家族的妇女是否贤惠有关。怎样才能称之为贤惠？伺候公婆孝顺，事奉丈夫恭敬，对待妯娌温和，对待子孙慈爱，像这样就可以称之为贤惠。怎么样算是不贤惠呢？态度轻浮，妒忌他人，恃强凌弱，搬弄是非，纵意偏私，像这样就是不贤惠。上天的报应是很快的，行善得福报，淫荡遭祸殃，作为妇人都应对此心存敬畏。”朗诵完毕，众人起立向家长行一揖礼，再分左右两行互行揖礼，然后退下。鸣钟九声，男子到同心堂用膳，妇女到安贞堂用膳，三餐都如此。如果有人不到，族长用家规处罚。

评析

这部分写到了郑氏家族日常生活中进行家庭道德、礼仪教育的形式和内容，包括家长率领家人朗诵夫和妇顺、兄友弟恭之类的训词，让未成年男孩、女孩分别朗诵劝善戒恶及和睦家庭、慈爱子孙等家庭道德的《男训》《女训》等。这样的集体教育活动不仅在潜移默化中给予家族成员道德的熏陶，而且大大加深了家族成员之间的亲情。这个家族能数百年同居共食，与这种教化有很大关系。

勿貪意外之財

原文

家长总治管理一家大小之务，凡事令子弟分掌，然须谨守礼法，以制约束其下。其下有事，亦必咨禀而后行。不得私假借，不得私与授予。

家长专以至公无私为本，不得徇偏。如其有失，举家随而谏规劝之，然必起敬起孝，无妨和气。若其不能任事承担职责，次者佐辅佐之。

为家长者，当以至诚待下，一言不可妄发，一行不可妄为，庶合古人以身教之之意。临事之际，毋察察而明过分明察而苛责，毋昧昧而昏过于糊涂。昧 mèi。更须以量容人，常视一家如一身可也。

导读

族长要对全家大小事务总体负责，所有具体事务安排子弟分管，但是族长必须谨慎遵守礼法，以此规范约束手下的人。手下的人如果有事，也必须禀告、咨询家长后才能执行，不允许假借家长名义行事，不得擅作主张。

做族长的应该专以公正无私为根本，不可以因私情而有所偏袒。如果族长有过失，全族人随时可以规劝他。但方式上要讲求孝敬，不能伤了和气。族长如果确实不能胜任职务，由辈分次于他的人辅佐。

做族长的，应当满怀真诚地对待族人，不可随意讲话，不可肆意行事，希望族长能够契合古人以身作则的原则。族长处理事务时，不要太过明察，也不要过于糊涂。家长要宽容大度，平常要像爱惜自己的身体一样爱护家庭。

评析

郑氏认为，家庭的治理依赖家长品德的高尚和行为的公正。家长和分掌、管理家政的成员要出于公心。“家长专以至公无私为本，不得徇偏”，“当以至诚待下，一言不可妄发，一行不可妄为”等要求，都启示我们小到一个家庭的和睦，大到一个单位一个国家的和谐，都依赖于领导者能否做到公正无私，严于律己，以身作则。

原文

家中产业文券，既印“义门公堂产业子孙永守”等字，仍书字号。置立砧基簿登载田亩四至的簿册书，告官印押，续再次置当如此法。家长会众封藏，不可擅擅自开。不论长幼，有敢言质鬻者，以不孝论。

子孙倘如果有私置田业，私积货泉财物。泉，钱币的古称，事迹显然彰著明显，众得言之家长。家长率众告于祠堂，击鼓声罪而榜于壁。更邀其所与亲朋告语之，所私即便拘纳公堂。有不服者，告官以不孝论。其有立心无私，积劳于家者，优礼遇之，更于劝惩簿上明记其绩成果，功业，以示于后。

导读

家中产业的文契，都要印上“义门公堂产业子孙永守”等字样，照旧编上字号。设置“砧基簿”记录田产，并禀告官府盖章，以后置办的产业也照此办理。家长召集族人将登载田亩四至的簿册封藏，不允许擅自开启。族人不论长幼，有敢提议抵押出卖的，以不孝罪论处。

子孙如果私自置办田产、私积财物，事实非常明显的，众人必须向家长禀告。家长率众在祠堂商议惩罚，击鼓说明罪责，并将罪状书写张贴在墙壁上。此外，再邀请他的亲朋好友规劝他将私自置办的产业交纳公堂。有不服的，禀告官府以不孝论罪。那些毫无私心、对家族有很大功劳的人，家族要给予优厚的待遇，并在“劝惩簿”上写明其功绩，为后人做榜样。

子孙如果出现赌博无赖等一切有违礼法的事，家长认为不可饶恕的，罚他当众跪拜使其感到羞愧。只要比他每年长一岁的，就受三十拜。还是不悔改的，就当众鞭打他。再不悔改的，则禀告官府将其逐出家门断绝关系。然后，再告知祠堂里的祖先并将其从族谱上除名。三年内能悔改的，将其名字重新写入家谱。

凡是遭遇荒年或者灾难，或者收不抵支的族人，家长预先为他们筹划，不使他们因此困窘。

每月初一、十五两日，家长清点全家一切大小事务，对那些办事不认真的人要进行处罚。各种账簿如果过期未能及时结算，以及过时不呈报的，也要酌情进行处罚。

负责内外屋宇、大小修造的

子孙赌博无赖及一应违于礼法之事，家长度（考虑）其不可容，会众罚拜以愧之。但长一年者，受三十拜；又不悛（quān。悔改），则会众而痛箠（chuí。鞭子，鞭打）之；又不悛，则陈（告）于官而放绝之。仍告于祠堂，于宗图上削其名。三年能改者，复之。

凡遇凶荒（灾难）事故，或有阙支，家长预为区画（筹划），不使匮乏（缺少衣食）。

朔望二日，家长检点（检查）一应大小之务，有不笃（认真）行者议罚。诸簿籍或过日不算结，及失时不具呈者，亦量情议罚。

内外屋宇大小修造工役，

原文

家长常加点检检查清点。委人用工，毋致损坏。

每岁掌事子弟交代交接事务，先须谒祠堂，书祝致告，次拜家长，然后领事。

导读

工人，家长经常对他们的工作检查清点。委托别人干活，不要出现损坏财物的情况。

每年管事子弟交接事务时，必须先去祠堂拜谒，书写祝词禀告先人，接下来拜见家长，接受新的家庭事务。

评析

这一部分主要是对族长的职责进行了具体的规范，如掌管家族产业，惩罚犯错子孙，救济家众，等等。作者认为，如果家庭成员犯了错误，应当对其采取一定的惩罚措施。但是《郑氏规范》还是坚持治病救人的原则，强调如果犯错之人能够悔改，仍然可以被家族接纳，这就是所谓的“知错能改，善莫大焉”吧。

导读

设立两名典事，帮助族长处理事务。必须挑选刚正公明、有治家才能、能起表率作用的人担任，不论年纪大小，不限时间。家中大小事务，典事都应参与，每天晚上必须将本日事务处理完毕，才可以就寝。违者家长给予惩罚。

每夜聚会的时候，典事要与族人商讨，哪一天可做哪些事，并记载在书簿上。上半月记载的，下半月完成；下半月记载的，下月的上半月完成。避免出现拖延和停止不办的隐患。必须马上完成的事务不拘泥于这一规定。

选择一个为人端正严明、可以服众的人，监督家族各项事务（担任监视的人必须年满四十岁，且两年一任）。家中的好事与坏事，都由监事告知族人。如果监事知

原文

设典事（协助家长处理日常事务的职务）二人，以助家长行事。必选刚正公明、才堪（能够）治家、为众人之表率者为之，并不论长幼，不限年月。凡一家大小之务，无不与焉，每夜须了（完成，完毕）诸事，方许就寝。违者家长议罚。

每夜会聚之际，典事对众商榷（商讨，议论），何日可行某事，书之于籍。上半月所书，下半月行之；下半月所书，次上半月行之。庶无迁滞（滞留）之患。事当即行者弗拘（约束）。

择端严公明可以服众者一人，监视（监督）诸事（四十以上方可，然必二年一轮）。有善公（公开）言之，

原文

有不善亦公言之。如或知而不言，与言而非实，众告祠堂，鸣鼓声罪，而易更换改变置之。

监视郑氏家族中负责监督家庭事务的人莅lì。临事，告祠堂毕，集家众于有序堂。先拜尊长四拜，次受卑幼晚辈四拜，然后鸣鼓，细说家规，使肃听之。

监视纠正一家之是非，所以为齐家之则，而家之盛衰系焉，不可顾忌不言。在上者，必将犯颜脸色直谏，谏若不从，悦悦色则复谏；在下者，则教以人伦大义，不从则责，又不从则挞用鞭或棍打。

导读

道却不说，或说的不符合事实，族人可以告于祠堂，击鼓声讨他的罪责，让别人取代他的职位。

监视处理事务时，禀告祠堂后，召集族人到有序堂。先拜尊长四拜，再受其他辈分低的人四拜，然后击鼓详细说明家规，族人必须肃穆倾听。

监视要纠正整个家族的是非，所以由他来监督治家规范准则的执行，家族的盛衰都维系在他身上，不可以因为有所顾忌而不说。对于尊长，要敢于当面直言规劝，如果尊长不听，等到他高兴了再规劝；对年幼后辈，用人伦大义教导他，如果不听就加以斥责，再不听从就用鞭打。

评析

这里谈到了典事与监视的职责。可以看到，郑氏家族对管理者的选拔非常严格，必须“刚正公明，才堪治家，为众人之表率”。不仅如此，郑氏家族还实行民主监督，如果管理者不能很好地履行自己的职责，其他成员可以通过商议选举新的管理者。郑氏家族真不愧是宋元明三代朝廷都加以表彰的先进典型，由此也可以看到封建社会的家族自治达到多么高的水平，难怪在这个家庭做过32年塾师的明代开国文臣之首宋濂，在制定明朝典章制度时，也要借鉴该家族的不少成功经验。这些做法，对于我们今天的基层民主自治和政治监督，仍然具有重要的启示意义！

原文

立劝惩簿，令监视掌掌管之。月书功过，以为善善恶恶奖善罚恶之戒。有沮jǔ，阻止之者，以不孝论。

造二牌，一刻“劝”字，一刻“惩”字。下空一截，用纸写帖，何人有何功，何人有何过。既上劝惩簿，更上牌中，挂会揖处，三日方收，以示赏罚。

设主记郑氏家族中掌握财物进出之数的人员一人，以会货泉谷粟出纳收支之数。凡谷匣收满，主记封记，不许擅开，违者量轻重议罚。如遇开支，主记不亲视，罚亦如之。钥匙皆主记收，遇开支则渐次付之，

导读

设立“劝惩簿”一本，由监视掌管。将族人每月的功与过，记载在“劝惩簿”上，作为族人惩恶扬善的警戒，有阻止者以不孝论罪。

制造两块木牌，一块刻“劝”，一块刻“惩”。下边空出一截，用纸写后贴上。什么人有什么功，什么人有什么过，不仅记录在“劝惩簿”后，还要写在纸上贴到“劝”“惩”二牌上，悬挂在家族成员聚会处，三日后才可收起，以示赏罚。

设立主记一人，记录钱财谷物出入的数额。谷柜一旦收满，由主记贴上封条，不允许擅自开启，违者酌情进行惩罚。如果遇到钱粮需要开支，主记不亲自监督，也要酌情处罚。谷柜钥匙都由主记保管，需要开柜取粮时按谷柜顺序依次领取钥匙，粮食取

完后再将钥匙交还主记。

选老成稳重、有见识有谋略的人负责家族外部事务。收取田租缴纳赋税等事项，都要先向家长禀告。至于山林池塘的防范事宜，以及增加开拓田产、计算钱财利息等事，也由他担任。

治家的方法，不可过于强硬，也不可过于柔弱，应当保持中道。所有子弟都应轮流跟随掌门户之人去州县历练，熟悉人情世故，避免日后遇事糊涂、不会办事而造成祸患。年过七十岁的人，应当自己保持安好，不宜轻易出门。

支讫复还主记。

选老成有知虑（见识，谋略）者，通掌门户之事（指家族所有涉及外界之事）。输纳（收取缴纳）赋租，皆禀家长而行。至于山林陂池（池沼，池塘）防范之务，与夫增拓田业之勤，计会（算账）财息之任，亦并属（委托）之。

立家之道，不可过刚，不可过柔，须适厥中。凡子弟，当随掌门户者，轮去州邑（州县），练达世故，庶无懵暗（昏昧，糊涂。懵 měng，昏惑不明）不谙（ān。熟悉）事机（事理，人情世故）之患。若年过七十者，当自保绥（保全。绥 suí，安），不宜轻出。

评析

这几段，《郑氏规范》提出设立“劝惩簿”，记载家众的功与过。实际上不只是传统社会，今天的人们也可以给自己设一个有形或者无形的“劝惩簿”，记录每日的恶行善举，反思自己每日的言行，以便错误得到及时改正，在品德方面砥砺自己不断进步。此外，特别应该称道的是，为了开阔子弟的眼界，使之通晓人情世故，并培养其治家、谋生的能力，家训规定，应轮流跟随通掌门户者去州县增长阅历，熟悉人情世故。这对生活在偏僻农村的子弟，的确非常必要，从这一点足见家规订立者的见识不凡。

勿飲過量之酒

原文

增拓购置产业，长上必须与掌门户者详其物与价等，然后行之。或掌门户者他出不在家，必俟sì。等待其归，方可交易。然又预使子弟亲去看视肥瘠土地是肥沃还是贫瘠及见在文凭无差。切不可卤通“鲁”莽，以为子孙之害。

凡置产业。即时书于受产簿中，不许过于次日。仍用招人佃种租种土地。其或失时不行，家长朔、望点检议罚。

增拓产业，彼则出于不得已，吾则欲为子孙悠久之计，当体究体察考究果值几缗，尽数还足。不可与驵侩zǎng kuài。马匹交易的经纪人。泛指经纪人交谋，潜萌侵人利己之心。否则

导读

购置田产，做决策的尊长必须与掌门户者了解对方的田产和价格等情况，然后再行交易。如果掌门户者外出，必须等待他归来，才可以进行交易。但还应该预先派子弟亲自察看田地的肥沃瘠薄情况，以及检查对方手中的田契是否有差错。切不可鲁莽行事，给子孙留下祸患。

凡是置办产业，应当即写入“受产簿”，不许迟过第二日。仍然招人租种。如果误了农时，族长在初一、十五两日检查时提出处罚。

购置产业时，卖方是出于不得已而变卖的，我们则要从长久之计为子孙着想，应当实事求是地估计产业的价值，尽数给足价钱。不可以与中间商合谋，暗自萌发损人利己的心思。否则，老

天会报应的，即使暂时得到，必然会有失去的时候。交接券契一定要清楚，不可抵消所购之田拖欠的田赋。如果有拖欠田赋的情况，日后必须索取赔偿。也不可以将粮税暗中摊附他人田籍中，让人家向官府缴更多的税，这样做积祸是非常严重的。

天道好还，纵得之，必失之矣。交券务极分明，不可以物货逋负拖欠。逋bū，拖欠相准抵消。或有欠者，后当索偿。又不可以秋税粮税。因为在秋收后以粮食交纳，故称暗附他人之籍，使人倍加倍地输官府，积祸非轻。

评析

这几段谈论的是购买田产事宜。《郑氏规范》为子孙计，条分缕析地将购买田产相关的注意点和禁忌列举出来。同时告诫子孙，“天道好还”，“勿萌侵人利己之心”。我们在生活中也要注意自己的德行，“勿以恶小而为之，勿以善小而不为”。

原文

每年之中，命二人掌管新事，所掌收放钱粟之类；又命二人掌管旧事，所掌冠昏丧祭及饮食之类。然皆以六月而代替换，务使劳逸适均。

新旧管轮，当须视为切己之事。计会经理经营管理，自二十五岁至六十岁止，过此血气既衰衰弱，当优遇之，毋任以事。

新旧管皆置日簿，每日计其所入几何，所出几何，总结于后，十日一呈监视。果确实无私滥不加节制，胡乱使用，则监视书其下曰：体验体察，考察无私。后若显露败露，先责监视，次及新旧管。

导读

每年，任命二人掌管新事，负责钱粮进出等事务；任命二人掌管旧事，负责冠礼、婚丧、祭祀及饮食等事务。但新旧管在每年六月份进行替换，务必让他们能够劳逸得以均衡。

新旧管在轮值的时候，必须把负责的事务看成与自己切身利益相关的事。担任会计财务和经营管理的工作，年龄要在二十五岁至六十岁之间。过了六十岁人的精力就不如以前，应当优待他们，不要委任事务。

新旧管都要设立日记簿，每日记载收入多少，支出多少，并且附上总结，每十天呈给监视检验。如果确实没有私拿乱用，监视写上“体验无私”四字。事后如果被发现私挪财物，先责罚监视，然后责罚新旧管。

新管设一本“总租簿”，写清楚本年应分别收各类粮食多少石，总计多少石，新置的田产应收粮食多少石。每年的收租基本是固定的，在当年十二月十五日，将所收粮食数额与以前的数额比较，便知道租户欠多少地租，凭此催讨索要。之后索要到的，另外记于“畸零簿”上。等交代清楚后再写入“总租簿”统算。

新管收上来的谷麦，每个谷柜装满后，就将总数报给主记，记入“租赋簿”，令新管亲自写上“某号匣系某人于某年月日，收何等谷麦若干石”。支出谷麦时，也要在账册上写明“某匣舂磨自某日支起，至某日用毕”，以备查验。

新管掌管的谷麦，要十分小

新管置一总租簿，明写一年逐色谷若干石，总计若干石，又新置田若干石。此是一定之额，却于当年十二月望日，以所收者与前数总较之，便知实欠多少，以凭催索。后索到者，别书于畸零簿，至交代时却入总租簿内通算。

新管所收谷麦，每匣收讫，即结总数报于主记，置税赋簿，令其亲书“某号匣系某人于某年月日，收何等谷麦若干石”。量出之时，亦须置簿，书写“某匣舂磨自某日支起，至某日用毕”，以凭稽考。

新管所管谷麦，必当十分用

原文

心，及时收晒，免致黰烂发黑霉烂。黰 zhěn，黑的样子；收支明白，不至亏折；关防勤谨，不至透暗地里失。赏则及之，若有前弊欺诈蒙骗，罚本年衣资棉线不给。如遇称同“秤”，称量收繁冗繁忙，则拨子弟分收之。

导读

心，及时收晒，避免发潮霉烂。收入支付应当清楚明了，不使亏空；谷麦的保管要小心谨慎，不要使所藏谷麦失去监管而遭到损失。对新管要有所奖赏，但如果出现前面提到的霉烂亏空、损失等过失，则罚扣当年的衣资和棉线。如果遇到过秤收租太过繁忙，可以分拨其他子弟来分担。

评析

《郑氏规范》非常强调管理者的责任意识，要求他们把掌管的事务看成与自己切身利益相关的事。同时，管理制度制定得非常详细具体，有很强的可操作性。另外，从家政管理组织机构的设置我们可以看出，各个管理者职责分明，一个数千人的大家族，其管理人员仅二十人左右，其效率是非常高的。更值得肯定的是，家训还规定了主要的管理者之间彼此制约和监督，从而保证了家政管理的公平合理。

一粥一飯
當思來處
不易

一粥一饭
当思来处
不易

原文

佃人用钱货折_{折价}租者，新管当逐项收贮，别附于簿，每日纳诸家长。至交代时，通结大数，书于总租簿，云“收到佃家钱货若干，总计租谷若干”。如以禽畜之类准折者，则付与旧管，支钱入账，不可与杂色钱（田租以外的收入）同收。

田地有荒芜者，新管逐年招佃，或遇坍江冲决（洪水泛滥，淹没田地，冲破堤岸），亦即书簿，以俟开垦。既毕，复入原簿，免致失于照管。

田租既有定额，子孙不得别增数目。所有逋租，亦不可起息，以重困里党（邻里乡亲）之人。但务及时勤索，以免亏折。

导读

佃户用现钱或货物抵纳田租的，新管应当逐项储藏，附记《租赋簿》上，每日交给族长查看。等到交接职务时，统算数目，记在总租簿上，写明“收到佃家钱货若干，总计租谷若干”。如果以禽畜折算成田租的，将禽畜交给旧管，从旧管处支钱记入“租赋簿”，不可以计入其他杂项收入里。

如果有荒芜的田地，新管应当逐年招佃户租种。如果遇到大水冲毁田地，应立即将损失的田地记于簿册，等待重新开垦。重新开垦后，重新写入原簿，以免失去照管。

田租已经有确定额数，子孙不得另外增加田租。如果有佃户拖欠田租，也不可以计算利息，从而加重乡邻的困难。但拖欠的田租应当及时索讨，以免亏损。

佃户生活劳苦，难以言尽，算算他们一年的收支，收入怎么抵得上支出！新管应当顾惜怜悯，不可过分苛求，假如你的欲望满足了，别人将会怎么办呢？否则一旦触怒上天，家道不会久远。除正常收取的田租之外，所有的佃麦佃鸡之类的东西，绝对不能收取。

邻族守岁会饮，旧管应在冬至之后，安排定期。

年满六十岁的男女族人，应当另外安排特殊的膳食。旧管必须尽心尽力奉养，务必让他们感到顺心惬意。违者议罚。

新管账目记载不清楚的，不允许办理移交手续。一切应该催讨收取的钱财谷物，必须预先逐项详细注明已收和未收的数字，

佃家劳苦，不可备陈，试与会计之，所获何尝补其所费。新管当矜怜痛悯顾惜怜悯，不可纵意过求，设使尔欲既遂遂意，心满意足，他人谓何？否则贻怒造物创造万物的神力，上天，家道弗延蔓延，长久。除正租外，所有佃麦佃鸡之类，断不可取。

邻族分岁除夕。旧俗农历除夕守岁至半夜，谓之分岁。意为旧岁已尽，新岁开始之饮，旧管于冬至后排日为之。

男女六十者，礼宜异膳特殊的膳食。旧管尽心奉养，务在合宜。违者罚之。

新管簿书不分明清楚，明晰者，不许交代。一应催督钱谷，须是先期逐项详注已未收索之数，

原文

于交代日分明条说，并承账人交付。虽累一次次更新管，要如出于一手，庶不使人欺隐。旧管簿书不分明者，亦不许交代。

所用监视及新旧管，其有才干优长不可遽jù。立即，仓促代者，听众人举留。

导读

在移交时分条说明，一并由记账人交付。即使多次更换新管，但账簿上的账目也必须如出自一人之手，这样才能避免欺瞒。旧管账目不清楚的，也不得办理移交手续。

所任用的监视和新旧管，如果确实才干出众不可仓促更换的，应该听从家众意见推举留任。

评析

在古代，田租是世家大族的主要收入来源。但是《郑氏规范》作者认为佃农生活劳苦，因此应当悯恤他们，不应另立名目增加田租，也不应当计算欠租的利息。这种悯农思想有着明显的人本主义倾向，体现着中国传统“仁爱”思想和人道观念，非常值得后人传承发扬。

导读

设羞服长一个，专门负责男女衣物供应。服装应当要预先安排，夏天衣物应当在四月份供给，冬天衣物应当在九月份供给，不得临时仓促置办。如果过了时令没有供给，族长要责罚羞服长。刚出生的婴儿不论男女，等到满周岁开始供给衣物。

男子衣物，一年供给一套。十岁以上的给予成年人定量的一半，以棉布供给；十六岁以上的按成年人的定量供给，给予棉布兼丝绸；四十岁以上的，要优待照顾，给予丝绸。同时全部发给裁制服装的费用。族人到了二十岁，给予一套礼服，头巾和鞋一年更换一次。

妇女衣物，依照前面的数量，每两年供给一次。女子到十五岁婚嫁年龄的，发给银制的首饰一副。

原文

设羞服长（管理膳食和服饰的人。羞服，膳食和服饰。羞，美味的食品）一人，专掌男女衣资之事。宜先措置，夏衣之给，须在四月；冬衣之给，须在九月。不得临时猝（cù。突然，仓促）办。如或过时不给，家长罚之。凡生男女，周岁即给。

男子衣资，一年一给。十岁以上者半其给，给以布；十六岁以上者全其给，兼以帛（丝织物）；四十岁以上者，优其给，给以帛。仍皆给裁制之费。若年至二十者，当给礼衣一袭（套），巾履（巾，头巾；履，鞋子）则一年一更。

妇人衣资，照依前数，两年一给之。女子及笄（jī。古代的一种簪子。古时女子十五岁可以盘发插笄，称及笄，表示成年）者，给银首饰一副。

原文

每岁，羞服长除给男女衣资外，更于四时祭后一日，俵散按份散发。俵 biào，分给，分散诸妇履材及油泽、脂粉、针花之属。

各房染段绸缎，羞服长斟酌为之，乃置簿书之，毋使多寡不均。

子孙须令饱暖，方能保全义气正气，当令廉廉洁谨小心谨慎有为者以掌羞服之事，务要合宜而无不足之叹。

设掌膳二人，以供家众膳食之事，务要及时烹爨烹饪。爨 cuàn，烧火做饭，灶，不许干预旧管杂役，亦须一年一轮。

导读

每年，羞服长除了拨给家众衣服费用外，更要在四季祭祀后的一天，按份发给众妇女做鞋材料、胭脂、水粉及针线一类的东西。

各房需要染布匹绸缎的数目，羞服长应当仔细考虑供给，并记入账簿，不要出现有多有少的情况。

子孙必须吃饱穿暖，才能保全义气。应该挑选廉洁不贪、谨慎小心并且能干的子弟担任羞服长，务必要保证衣食供给适时，不要使人感到温饱不足。

设主管膳食的人两名，负责族人膳食事宜，务必要及时烹煮食物，不许干预旧管和负责杂事之人的事务，也要一年一轮换。

评析

这部分讲的是家族内部的衣食供给。其中，“子孙须令饱暖，方能保全义气”很有道理，正如管仲所说，“仓廪实而知礼节，衣食足而知荣辱”。只有当人的基本需求得到满足时，才能更好地遵守道德规范，才能自发、自觉、普遍地注重礼节，崇尚道德。

原文

择廉谨子弟二人，收掌钱货。所出所入，皆明白附簿，或有折陷（亏损漏账）者，勒（勒令，强制）其本房衣资首饰，补还公堂。

择廉干子弟二人，以掌营运（经营，经商）之事。岁终会算，通计其数，呈于家长。监视严加关防（防备、防范，防止缺漏），察其私滥（私下胡乱使用）。

子孙以理财（管理财务）为务者，若沉迷酒色，妄肆（肆意妄为）费用，以致亏陷（亏空，亏损），家长核实罪之，与私置私积者同。

委人启肆（铺子），皆公堂给本（本钱）与之。一年一度，新管为之结算，其子钱（盈利）纳诸公堂。

畜牧树艺（种植），当令一人专

导读

选择廉洁谨慎子弟二人，掌管钱财货物。支出和收入的数目，都要清楚地记入账册，如果出现亏损漏账的，勒令他以本房的衣资首饰充入公堂作为补偿。

选择廉洁能干的子弟二人，掌管经营事务。年终结算时，将统计的数字呈报族长。监视应当严加管理，明察其有无中饱私囊、浪费钱财的行为。

负责管理财务的子孙，如果沉迷于酒色，肆意妄为、胡乱开支，以致亏损，经族长核实后，处罚的方式与私置产业、私积钱财的罪责相同。

委托他人开设店铺，由公堂拨给本钱。新管一年结算一次，将盈利的部分交纳公堂。

畜牧种植方面的事，应交由

一人专门负责。必须用专门的账簿记载数目，以备核查。同时要经常加以检点，务必要有所增益。如果错过生长时节造成损失的，本人当年衣资停止供给。

掌之。须置簿书写数目，以凭稽考核查，考证，然须常加点检，务要增益。如或失时不办，本人本年衣资不给。

评析

这部分主要涉及钱财收支、商业经营以及畜牧种植事宜的管理，体现的仍然是严格选拔管理者，以及对管理者进行民主监督的思想。这种用人制度及管理监督制度，既是理财持家、严格治家、保持家业兴旺的条件，也是对所有管理者的道德考核和教育约束。

原文

设知宾二人，接奉谈论，提督（提醒督促）茶汤，点视（点清监视）床帐被褥，务要合宜。

亲宾往来，掌宾客者禀于家长，当以诚意延款（设宴款待），务合其宜。虽至亲，亦宜宿于外馆（招待宾客居住的客房）。

亲朋会聚，若至十人，不许于夜中设宴。时有小酌，亦不许至一更。昼则不拘。

亲姻馈送（赠送），一年一度。非常（临时发生的）庆（婚嫁庆贺）吊（祭奠死者），则不拘此，切不可过奢，又不可视贫而加薄，视富而加厚。

导读

设招待宾客的人两名，接待侍奉往来客人，陪客人聊天，提醒催促茶汤，检查客人就寝的床铺、被褥、蚊帐等，务必让客人感到舒心。

亲朋好友往来，知宾应及时禀告族长，真诚地款待对方，务必使客人满意。即使是至亲，也应当让对方宿于客房。

亲朋好友聚会，如果有十个人以上，不可以在夜间设宴款待。偶尔小酌也不许到晚上九点。白天则没有限制。

向姻亲赠送礼物，一年一次为宜。但遇到特殊情况的事宜则没有限制。这类事情不可以过于奢侈，更不可视对方贫穷而减少礼物，视对方富裕而增加礼物。

评析

孔子曰：“有朋自远方来，不亦乐乎？”《郑氏规范》同样重视亲朋往来，但并不提倡夜间设宴，可能因为这样既影响休息，也容易生出事端。同时，文中强调不应根据亲族的贫富来差别对待，无论贵贱都应该秉持平等的原则。即使是当代社会，嫌贫爱富的风气仍然存在，这是造成亲属关系不和谐的因素之一。如何有效利用古代优秀家训中的思想精华，进而改良社会不正之风，值得我们深思。

原文

子弟未冠者，学业未成，不听准许食肉，古有是法。非惟有资于勤苦，抑欲其识齑盐借指生活清贫。齑jī，姜、蒜碎末之味。

子弟未冠者，不许以字行，不许以第辈分称。庶几差不多合于古人责成之意。

子弟年十六以上，许行冠礼古时的成人礼。须能暗记熟记四书五经四书，指《大学》《中庸》《论语》《孟子》；五经，指《诗经》《尚书》《礼记》《易经》《春秋》正文，讲说大义，方可行之。否则直至二十一岁。弟若先能，则先冠以愧之。

子弟当冠，须延聘请有德之宾指老师。古称家庭教师为西席、西宾，庶可责以成人之道，其仪式并遵文公《家礼》。

导读

未行冠礼的子弟，没有完成学业，不能随意吃肉，这样的做法自古有之。这不单是培养他们吃苦耐劳的精神，也是想让他们体味清贫的生活。

未行冠礼的子弟，不许以字相称，也不许按排行辈分相称，以求符合古人敦促子弟完成学业的风俗。

子弟年满十六岁，准许行冠礼。但必须能背诵四书五经正文，并能讲说其中的道理，否则要到二十一岁再行冠礼。弟弟如果先能做到，就先于哥哥行冠礼，使其兄长感到羞愧。

子弟在行冠礼时，应当聘请一位德行高洁的老师，希望可以教导他做人的道理。相关仪式遵照文公《家礼》。

已行冠礼且正在学习的子弟，每月十天轮流一次，挑选已读之书、谱图、家范进行背诵。初次不能顺利背诵的，摘去头巾一天，第二次还不能背诵的，摘去头巾两天；第三次仍然不能背诵的，就梳成未行冠礼前的发髻，等能够背诵后再恢复过来。

女子年满十五岁，母亲要为她聘请嘉宾行成人之礼，按照相应的文辞为其取字。

子弟已冠而习学者，每月十日一轮，挑背已记之书，及谱图、家范之类。初次不通，去巾一日；再次不通，则倍之；三次不通，则分紒（jì。束发成髻）如未冠时，通则复之。

女子年及笄者，母为选宾行礼，制辞（按照某种格式写成的文辞）字（取字。古代女子十五岁许嫁时，举行成人礼，也要取字，供朋友称呼）之。

评析

古人将男子成年称为“弱冠”，女子成年称为“及笄”。它们是两种非常重要的礼仪，标志着男子或女子已经成年，能够承担相应的责任了。现在，我们已经不再使用这两个礼仪，但是，如何让孩子们在成年时明白自己应当承担的责任，依然值得我们思考。作者关于子弟十六岁可以提前行冠礼的规定令人耳目一新。但对不能背诵谱图、家范的子弟的惩罚措施，显然对子弟的身心健康有副作用。

原文

婚姻乃人道之本。亲迎醮啐（jiào cuì。古代婚礼的一种饮酒礼节。醮，古代婚娶时，用酒祭神的礼；啐，尝，小饮）、奠雁（古代婚姻礼仪，男方向女家献上贽礼）、授绥（女家将新娘和女婿送上婚车。绥 suí，马车上用于登车时拉手的绳子）之礼，人多违之，今一袪（qū。除去）时俗之习，其仪式并遵文公《家礼》。

婚姻必须择温良有家法者，不可慕富贵以亏择配之义。其豪强、逆乱，世有恶疾者，毋得与议。

立嘉礼（古代吉、凶、军、宾、嘉五礼之一。嘉礼是饮宴婚冠、节庆活动方面的礼节仪式。后世专指婚礼）庄一所，拨田一千五百亩，世远逐增，别储其租，令廉干子弟专掌，充婚嫁费。男女各谷一百五十石为则。

导读

婚姻是人生的根本大事。迎亲时敬酒、男家献上贽礼、女家送婿上婚车等礼节，人们大多不再采用。如今索性除掉一切俗礼，婚姻仪式遵照朱文公《家礼》。

结婚出嫁必须选择性情温良有家教的人家，不要因为贪图富贵而违背选择配偶的本意。那些横行乡里、犯上作乱以及家族有难以医治的疾病的家庭，不要与其论议婚姻之事。

设立嘉礼庄一座，拨良田一千五百亩，以后要逐渐增加，这部分田租另行储藏，指派廉洁能干的子弟掌管，用于男女婚嫁支出。男女婚嫁各以用谷一百五十石为标准。

评析

这里涉及的是婚姻生育观念的教育。《郑氏规范》对择偶标准是比较开明的，指出“婚姻必须择温良有家法者，不可慕富贵以亏择配之义”。这种重德轻财的婚配观点即使放在现代社会也不过时。

原文

娶妇须以嗣亲繁衍子孙。嗣sì，接续，继承为重，不得享宾，不得用乐，违者罚之。入门四日，婿妇同往妇家，行谒见拜见之礼。

娶妇三日，妇则见于祠堂，男则拜于中堂，行受家规之礼。先拜四拜，家长以家规授之，祝其谨守勿失。复四拜而去，又以房扁授之，使其揭挂于房闼房门。闼tà，门之外，以为出入观省。会茶会聚饮茶而退。

子孙当娶时，须用同身寸制深衣一袭，巾履各一事件。仍令自藏，以备行礼之用。

子孙有妻子者，不得更置

导读

娶亲以繁衍子孙为重，举行婚礼时不得大操大办、不得雇用乐班，违者给予惩罚。过门四天后，夫妻一同到女方家，行拜见之礼。

娶亲第三日，新媳妇到祠堂拜见长辈，男子跪拜于中堂，行接受家规之礼。先拜四拜，族长将家规授予他，并嘱咐他们谨守家规不要违背。然后再拜四拜退下，族长再授予房匾一块，让新人挂在房门之上，使出入时都能看到并自省。众人一起饮茶，随后各自退下。

子孙当娶亲时，要准备合身的礼服一套，头巾一方，鞋一双。让子弟自行保管，以备日后行礼时使用。

子孙有妻子儿女的，不得再

娶妾，以防乱了上下名分，违者给予责罚。如果年满四十仍无后代，允许娶一妾，但妾不得进公堂与大家同坐。

侧室妾，偏房，以乱上下之分名分。违者责之。若年四十无子者，许置一人，不得与公堂坐。

评析

这部分涉及的依然是婚姻生育方面的规范。《郑氏规范》要求娶亲时不得大办酒席，不得雇用乐手。这种避免铺张浪费的适度原则依然值得我们今天继承与学习。但文中把繁衍后代作为婚姻根本目的的观念显然是不全面的。另外，《郑氏规范》要求族人除非无后，不得纳妾，这种观念放在盛行纳妾的古代，的确非常值得称赞。但家训规定妾不得进公堂与大家同坐，却是歧视她们的偏见。

原文

女子议亲即议婚，须谋商量，谋划于众。其或父母于幼年妄自许人者，公堂不与妆奁。

女适人出嫁者，若有外甥，弥月满月之礼，惟首生者与之。余并不许，但令人以食味慰问之。

甥婿初归，除公堂以礼与之，不得别有私与，诸亲并同。

姻家初见，当以币帛为贽zhì。见面礼。泛指聘礼，不用银斝jiǎ。古代青铜制的酒具。圆口、平底、三足。此借指酒席。他有馈者，此亦不受。

导读

家中女子议亲事，必须与族人商量。如父母在女儿幼年时妄自将女儿许配给他人，公堂不给予嫁妆。

女子出嫁后，如果生了孩子，家中只需为第一胎准备满月礼。以后出生的一概不行此礼，只派人送食品慰问。

外甥和女婿第一次上门，除公堂为其准备礼品外，其他人不得私下给予，其余亲戚也一样。

亲家初见，应当以钱币绸缎作为见面礼，不必摆设酒席。如果有另外馈赠的礼物，也不可以接受。

评析

这些仍然是婚嫁生育方面的礼仪。《郑氏规范》并没有明确要求家中女儿婚配需要完全服从“父母之命，媒妁之言”，但是必须与家众商量，不允许父母在女儿年幼时将其私自许配他人。前者是为了多方面参考他人的意见，后者则是为了尊重当事人的选择。《郑氏规范》的这些开明思想在当时的历史背景下显得弥足珍贵！

原文

丧礼久废荒废，多惑受惑于释老指佛教和道教之说，今皆绝废除之。其仪式并遵文公《家礼》。

子孙临丧，当务尽礼，不得惑于阴阳非礼拘忌，以乖违反情理大义。

丧事不得用乐，服服丧未阕què。终了，结束者，不得饮酒食肉，违者以不孝论。

导读

丧礼已经废置很久了，现在的一些做法多是受到佛教和道家学说的蛊惑，现在一并废除。家族的丧礼仪式均遵从文公《家礼》。

子孙举办丧事时，务必要合乎礼法，不得受到阴阳学说等不合礼法的学说的蛊惑，以致违背大义。

举行丧事不得奏乐。服丧没有结束，不得饮酒食肉，违者按不孝论处。

评析

《郑氏规范》中对丧事的要求依然秉承了节俭持家的家风。改革开放以来，我们的生活水平得到了极大的提高，但是在婚丧嫁娶方面，旧的面子观念与相互攀比的心理，使得大操大办的风气依然存在甚至更甚。因此，文中从简治丧的思想依然值得借鉴。

导读

子孙如果资质出众可以做官的，应当给予丰厚的资助来勉励他。子孙为官后，应该奉公守法，勤于政务，不要涉及贪污受贿之事，以辱没家法。任期到了及时交接职务，不要过分留恋官位，也不应该自认为尊贵，骄傲怠慢于族人。仍然需要遵守家规，违者以不孝论处。

为官的子弟，务必时刻谨记报效国家，体恤治下的百姓，像慈母爱护自己的孩子一样爱护他们。对前来申冤的百姓，要怀有悲悯恻隐之心，务必查清实情，不要敷衍了事。也不可拿百姓一丝一毫的东西。如果在任时衣食不能自给，公堂给予资助。如若俸禄有所节余，也应当交纳公堂，不可私自给予妻子儿女，使其竞相置办华丽的服饰，从而让他人

原文

子孙器识资质，才能可以出仕者，颇资勉之。既仕出仕，做官，须奉公勤政，毋蹈贪黩贪污受贿，以忝tiǎn。辱没，有愧于家法。任满交代，不可过于留恋。亦不宜恃贵自尊，以骄宗族。仍用一遵家范，违者以不孝论。

子孙倘有出仕者，当蚤同“早”夜切切务必以报国为务，抚恤下民，实如慈母之保赤子。有申理者，哀矜哀怜，悲悯。矜jīn恳恻诚恳恻隐，务得其情，毋行苟马虎，随便虚。又不可一毫妄取于民。若在任衣食不能给者，公堂资而勉之；其或廪禄廪lǐn，官府发给的粮食；禄，俸禄有余，亦当纳之公堂，不可私于妻孥，竞为

原文

华丽之饰，以起不平之心。违者天实临之。

子孙出仕，有以赃墨贪污纳贿闻者，生则于谱图上削去其名，死则不许入祠堂。如被诬指诬告者，则不拘此。

导读

产生不平之心。违者上天会给予他们惩罚。

子孙做官期间，如果因为贪污受贿而臭名昭著的，活着时族谱上除去他的名字，死后其牌位不许入祠堂。如果是被人诬告的，就不受这种限制。

评析

郑氏家族是一个大家族，在外做官的人自然不少，家规专门立条目对为官子弟的行为进行约束。要求他们“奉公勤政”，任满不可留恋。叮嘱他们“以报国为务，抚恤下民”。历史上郑氏家族出仕做官的子孙多达173人，无有贪财索贿、尸位素餐之人，这与他们自幼受到家风熏染是息息相关的。今天我们强调培育和传承优秀家风，也是极其必要的，尤其是领导干部。

导读

同族之人是同气连枝的兄弟，他们身患病痛就是我们身患病痛，他们遭受侮辱就是我们遭受侮辱，道理本来就是这样的。子弟应当周全地保护族人，不要让他们流离失所，切不可倚仗势力欺凌同族，以辱没先人。更要在食物匮乏的时候，多加考虑贫苦的族人，每月给六斗谷，直到秋收才停止供给。如果族人有因穷困而不能娶亲或嫁女的，也要对他们进行帮助。

为人之道，除了教育还有什么能排在第一位呢？家族应当在当地设立一所学堂，教育宗族子弟，并且免去他们的学费。

对于那些无家可归的族人，要考虑实际情况拨给他们房屋居住。族人去世要劝家属不要火葬，如果族人没有土地就让他们埋到义冢去。

家族设立公墓一处，乡邻过

原文

宗人实共一气所生，彼(他人)病则吾病，彼辱则吾辱，理势然也。子孙当委曲(周全)庇覆(庇护)，勿使失所，切不可恃势凌轹(凌，欺侮，凌辱；轹 lì，欺压，干犯)以忝厥祖。更于缺食之际，揆(kuí。揣度，揣测)其贫者，月给谷六斗，直至秋成住(止)给。其不能婚嫁者，助之。

为人之道，舍(除了)教其何以先？当营义方(设置义学之所)一区，以教宗族之子弟，免其束脩(同“束修”。脩 xiū，干肉)。

宗族之无所归者，量(考虑，度量)拨房屋以居之。更劝勿用火葬，无地者听(任凭)埋义冢(系旧时收埋无主尸骸的墓地)之中。

立义冢一所，乡邻死亡，

原文

委确实，的确无子孙者，与给櫘椟huì dú。古代的一种小棺材埋之。其鳏寡孤独泛指没有或丧失劳动力而又无依无靠的人。鳏 guān，无妻或丧妻的；寡，妇女死了丈夫；孤，幼年丧父或父母双亡的；独，年老没有儿子的果无以自存者，时赒zhōu。接济，救济给之。

宗人无子，实坠断绝厥祀，当择近者为继立之，更少资之。

宗人苦寒，深当悯恻。其果无衾qīn。被子无絮棉花的纤维。此指棉衣者，子孙当量力而资助之。

祖父所建义祠，盖奉宗族之无后者。立春祀先祖毕，当令子弟设馔zhuàn。饮食，食物祭之，更为修理，毋致隳坏破损，毁坏。隳 huī。

立春当行会族之礼。不问亲疏，户延邀请一人，食品以三进进三次。意即三道、三种为节。

导读

世，确实没有后人的，由家族准备一口小棺材安葬。那些没有亲属，无依无靠确实难以生存的人，要时常给予救济。

族人无后，确实可能断绝香火的，应当过继同宗的子女作为后嗣，家族应略加资助。

如果族人饱受贫寒，应当怜悯同情他们。如果他们确实没有棉被棉衣，族人应当量力加以资助。

祖辈建造的义祠，是用来供奉宗族中那些无后族人的牌位的。立春祭祀完先祖后，派子弟设祭品祭奠他们。义祠要时常注意修理，使其免遭毁坏。

每年立春日应当举行全族人的聚会，所有族人不问亲疏，每户邀请一人，食品以三道为适宜。

评析

善待乡邻、救难怜贫、讲究人道在传统家训中常有体现，而《郑氏规范》在这方面尤为突出，令人钦佩！如果我们能够像《郑氏规范》中这般关心族人乡亲，时常设身处地地为需要帮助的人着想，在他们陷入困境时伸出援手，那么我们的社会必然是一个安定祥和的社会。

原文

里党街坊邻里或有缺食，裁量出谷借之，后催元同“原”谷归还，勿收其息。其产子之家，给助粥谷二斗五升。

展开设药市一区，收贮药材。邻族疾病，其症彰彰明显可验，如疟痢痈疖nüè lì yōng jiē。疟，疟疾；痢，痢疾；痈，皮肤和皮下组织化脓性炎症；疖，一种局限性皮肤和皮下组织化脓性炎症之类，施药与之。更须诊察寒热虚实，不可慢易怠慢，忽视。此外不可妄与，恐致误人。

桥圮pǐ。坍塌路淖nào。泥泞，子孙倘有余资，当助修治，以便行客。或遇隆暑，又当于通衢qú。大路设汤茗茶水。茗míng，茶一二处，以济渴者。自六月朔起，至八月朔止。

里党之疴痒泛指病痛。疴kē，病疾痛，

导读

街坊邻里如果缺少粮食，量力拨出谷物借给他们。日后让他们用等量谷物归还，不要收取利息。生了孩子的人家，资助粥谷二斗五升。

开设一间药铺，收储药材。邻居和族人如患疾病，症状明显可以查验的，例如，患疟疾、炎症、皮肤病之类，给予药物。一定要仔细诊察病人的寒热虚实，不可怠慢忽视，此外不可乱给药物，以免误伤人命。

如果桥梁坍塌或者道路泥泞，子孙如果有余钱，应当帮助修理，以方便行人。如遇酷暑天气，又需在大路上设立一两处茶摊，以解路人口渴。此事自六月初一起，至八月初一为止。

乡人的疾病痛痒，我家子孙

应当深深挂念。如果他们都难以自保，怎么能指望他们给我们提供什么帮助呢？即使他们有再不起眼的东西赠送我们，也绝不可接受，违者必遭天谴。

拯救族人乡邻的一切事务，让监视准备一本“推仁簿”，逐项写明，年末到族长面前核算。如有为谋取名誉而与事实不符的，以及固执吝啬而不肯支持的，老天必定不容。这是我的肺腑之言，不可不小心谨慎。

吾子孙当深念之。彼不自给，况望其馈遗我乎？但有一毫相赠，亦不可受。违者必受天殃（祸害）。

拯救宗族里党一应等务，令监视置“推仁簿”，逐项书之，岁终于家长前会算。其或沽名（故意做作或用某种手段谋取名誉）失实，及执吝（固执吝啬）不肯支者，天必绝之。此吾拳拳（恳切的样子）真切之言，不可不谨，不可不慎。

评析

这部分从关爱族人出发，拓展到关爱乡人，教导族人要和待乡曲。《郑氏规范》不仅要求同族之间要多加体恤帮助，即使乡亲里党，也要予以资助。更可贵的是，它还要求族人热心家乡的公益慈善事业，嘱咐家人子孙不这样做会遭到上天惩罚。尽管这是封建迷信，但这种人道主义精神是值得肯定的，也是值得继承与弘扬的。

原文

导读

子孙须恂恂xún xún。温恭之貌孝友事父母孝顺、对兄弟友爱，实有义家孝义之家气象。见兄长，坐必起立，行必以序，应对必以名，毋以尔我。诸妇并同。

子孙之于尊长，咸都以正称，不许假名易姓。

兄弟相呼，各以其字冠于兄弟之上，伯叔之命侄亦然。侄之称伯叔，则以行称，继之以父。夫妻亦当以字行，诸妇娣姒相呼并同。

子侄年非六十者，不许与伯叔连并排坐。连坐者，家长罚之。会膳不拘。

卑幼不得抵抗尊长，一日之

子孙为人必须小心谨慎，事父母孝顺、对兄弟友爱，这样才有“孝义之家”的气象。见到兄长，坐必起立，行走必定长幼有序，对答时要称呼对方名字，不要用你我相称。家族的妇女也如此要求。

子孙中的晚辈，见到长辈都要用正式的称呼，不许直呼姓名。

兄弟互相称呼，各自将对方的字冠于兄弟前面，伯、叔称呼子侄也如此，子侄称呼伯、叔，则在排行之后加上父字。夫妻相称也应当称字和排行，各妯娌之间互相称呼也如此。

子侄不到六十岁，不许与伯父叔父并排坐，违者家长处罚，但在聚餐时不限制。

小辈和年幼者不得顶撞长辈，

包括年长一日者也是这样。如有出言不谦虚恭敬的，或行为违反道德准则的，先给予教育，教育之后仍不悔改的，则重重鞭挞惩罚。

子弟受到尊长的训斥和批评，不论是非对错，都应低头默受，不得分辨顶撞。

晚辈固然应当竭力待奉尊长，尊长也不可以自恃身份，捋起袖子举起拳头，污言秽语，不留情面，这不是教养子孙的正道。如果晚辈有过失，应当反复劝诫。如果确实屡教不改，实在不得已则当众棍责，让他以此为辱。

长皆是。其有出言不逊，制行（德行，行为）悖戾（bèi lì。违逆，乖张）者，姑（姑且）诲之。诲之不悛者，则重箠之。

子孙受长上诃责（斥责。诃 hē，同“呵”，大声喝斥），不论是非，但当俯首默受，毋得分理（分辩，辩白）。

子孙固（本来）当竭力以奉尊长，为尊长者亦不可挟此自尊，攘（rǎng。捋起）拳奋袂（mèi。衣袖，袖口），忿言秽语，使人无所容身，甚非教养之道。若其有过，当反覆喻戒（劝导，劝诫）之。甚不得已，会众箠之，以示耻辱。

评析

与其他传统家训一样，为了保证家庭成员和睦相处、长幼有序，《郑氏规范》对子弟与尊长间的道德准则也进行了规范。其中固然有“子孙受长上诃责，不论是非，但当俯首默受，毋得分理”这样的不合理要求和封建观念，但也告诫长辈“为尊长者亦不可挟此自尊”。在教育子弟的问题上应当讲究方法，而不是一味谩骂、侮辱。这些都是符合教育规律的见解。

半絲半縷
恒念物力
維艱

半丝半缕
恒念物力
维艰

原文

子孙黎明闻钟即起，监视置夙兴簿，令各人亲书其名，然后就（就任）所业。或有托故不书者，议罚。

子孙饮食，幼者必后于长者，言语亦必有序伦（顺序，次序）。应对宾客，不得杂以俚俗（粗俗，不高雅）方言（地方话）。

子孙不得谑浪（戏谑放荡。谑xuè，开玩笑）败度（败坏法度），免巾徒跣（摘掉帽子，光着脚。跣xiǎn，光着（脚））。凡诸举动，不宜掉臂跳足（甩臂跳脚，举止轻浮），以蹈轻儇（轻佻，不庄重。儇xuān）。见宾客，亦当肃行祗（zhī。敬，恭敬）揖，不可参差（高低不齐）错乱。

子孙不得目观非礼之书，其涉戏谑（开玩笑）淫亵（无节制，放荡。亵xiè，不庄重）之语

导读

子孙在黎明时听到钟声就应当起床。监视准备一本"夙兴簿"，让每个人亲自签名，然后就任各自的工作。如有找理由不签名的，则要被责罚。

子孙在用膳时，年幼者必须在年长者后面，讲话也必须要合乎规范。应对宾客时，不能夹杂粗俗的地方话。

子弟不得戏谑放荡，败坏法度，光头赤脚。平时举动不宜手舞足蹈，举止轻浮。会见宾客时要庄重行礼，动作不可参差错乱。

子孙不得看不合礼法的书籍，凡涉及有玩笑不恭、猥琐放荡内

容的书籍，见后立即烧毁。讲妖幻符咒一类书籍也如此处理。

子孙不得拉帮结派、互相勾结，借保护、帮助乡里的名义肆意妄为，以致触犯刑法，败坏家业。因此我再三强调，一定要铭记于心。

子弟不得担任地位低下的小吏，不得出家为僧为道，不得亲近屠夫、仆人，以免迷乱了自己的心术。应当时时将“仁义”二字铭刻于心，或许这样才能有所成就。

者，见即焚毁之。妖幻符咒之属并同。

子孙不得从事交结相互勾结，以保助闾里乡里。闾lǘ，原指里巷的大门，后指人聚居处为名，而恣放纵行己意，遂致轻冒刑宪刑法，隳圮huī pǐ。毁坏家业。故吾再申言之，切宜刻骨。

子孙毋习吏胥地方官府中掌管簿书案牍的小吏，毋为僧道，毋狎屠竖屠夫和仆人，以坏乱心术。当时时以“仁义”二字铭心镂骨，庶或或许，也许有成。

评析

这部分主要是对子弟劳作和待人接物方面的要求。我们可以看到，《郑氏规范》中的一些要求，即使是放到今天也是先进的，如工作时的签到制度。另外，家训要求子女在家孝敬父母、尊敬长辈，为人谦逊有礼、举止端庄等方面，都非常值得我们后人学习仿效。当然，《郑氏规范》中体现出来的歧视社会下层群众的倾向，也是应该抛弃的。

导读

广泛收储书籍，以惠及子孙，不许借与他人，以免丢失。书的卷首都要写上：“义门书籍，子孙是教；鬻及借人，兹为不孝。”

聘请谨守礼法的人作为老师，能让子弟有所启发，学业有所进步。这对于做学问，帮助实大。那种学识杂乱不纯、教人识字的先生，可以略加款待，然后婉言谢绝他们。

小孩子满了五岁，每月初一、十五日到祠堂听讲学，到了忌日祭祀时，让他们学习礼仪。入小学开始读书的，应当参与四时的祭祀活动。每日早饭后，也随众人到书斋恭行揖礼，等候祠堂值班的长辈和斋长点名，否则给予责罚。如果他的母亲不督促，也要接受惩罚。

原文

广储书籍，以惠子孙，不许假（借）人，以致散逸。仍识（zhì。标记）卷首云：“义门书籍，子孙是教，鬻及借人，兹为不孝。”

延迎礼法之士，庶几（希望）有所观感（看到事物后产生感想，引起感动），有所兴起（因感动而奋起）。其于学问，资益非小。若哤（máng。杂乱）词幼学（启蒙）之流，当稍款之，复逊辞（婉言）以谢绝之。

小儿五岁者，每朔望参祠讲书，及忌日奉祭，可令学礼。入小学者，当预（参与）四时祭祀。每日早膳后，亦随众到书斋祗揖，须（等候）值祠堂者及斋长举明（点名。明，“名”之讹），否则罚之。其母不督（督促），亦罚之。

原文

子孙自八岁入小学，十二岁出就外傅古代子弟到一定年龄，出外就学，所从之师称外傅，十六岁入大学相对小学而言，是专为贵族十五岁以上子弟接受教育而设立的场所。学习修齐治平之学，也称大人之学。聘致明师，训饬教训戒勉。饬 chì必以孝弟忠信为主，期抵期望达到于道。若年至二十一岁，其业无所就者，令习治家理财。向学立志求学，好学有进者不拘。

子孙年十二，于正月朔则出就外傅。见灯不许入中门连接前院与后院的门户，入者箠之。

子孙为学，须以孝义切切为务，若一向偏滞偏重沉溺词章，深非常所不取。此实守家第一事，不可不慎。

导读

子孙自八岁入小学开始识字，十二岁外出就学，十六岁开始学习诗书礼乐。家族要聘请名师，教导子弟学习孝、悌、忠、信，以让子弟明白为人处世的道理。如果到了二十一岁，学业还未有所成就，就让他学习治家理财。立志求学、有所进步的不限于此。

子孙到了十二岁，在正月初一就必须外出跟随老师学习。如果已经上灯，则不许进入中门，否则鞭笞责罚。

子孙做学问，一定要以孝义为学习的重要内容，如果一向偏重于华美的辞藻与文章，十分不可取。这实在是守家第一等大事，不可不慎重。

评析

《郑氏规范》十分重视子弟文化知识的学习，要求家里广储书籍，并制定了详细的学习规程。但家训并没有让子弟一味地死读书，指出如果子弟确实不适合读书，则应该学习治家理财的本领。这种思想在当今社会看来也是正确的，职业不分贵贱，只要能让一个人自食其力，都是值得去从事的。

規範

原文

子孙年未二十五者，除棉衣用绢帛（古代丝织物的总称）外，余皆用布。除寒冻用蜡屐（涂蜡的木屐。屐 jī）外，其余遇雨，皆以麻屩（古代用麻葛制成的鞋。屩 juē）。从事三十里内，并须徒步。初到亲姻家者不拘。

子孙年未三十者，酒不许入唇，壮（三十岁谓壮）者虽许少饮，亦不宜沈（沉迷）酗杯酌，喧哗鼓舞（吵闹），不顾尊长。违者责之。若奉延宾客，惟务诚悫（诚朴，真诚。悫 què），不必强人（强迫他人）以酒。

子孙当以和待乡曲（乡里），宁我容人，毋使人容我。切不可先操忿人之心。若屡相凌逼（侵凌逼迫），进退不已者，当以理直之。

导读

子孙未满二十五岁的，除了棉衣用丝织物制作外，其余都用布。除寒冬结冰时穿涂蜡的木屐，其余下雨时一律穿麻制雨鞋。外出办事三十里路内，必须一律步行。初次去亲戚家则不限于此。

子弟三十岁前，丝毫不许沾酒，壮年后虽可稍微饮酒，也不宜嗜酒贪杯，以免醉后喧哗吵闹，目无尊长。违者鞭打。如果设宴招待宾客，只要以诚相待即可，不必强迫别人饮酒。

子孙对乡邻应以和气相待，宁可我去容忍他人，不要让他人来容忍我。切不可对别人先怀有怠慢之情；如果对方一味侵凌逼迫，让人进退两难，应当理直气壮地与他理论。

秋收时节谷价低廉的时候，买进五百石粮食，另行储藏；在遇到食物短缺时，还依收购时候的价格卖给生活困窘的乡邻。

子孙不得受迷信邪说蛊惑，不得沉迷于不合礼制的祭祀，以向鬼神求福。

子孙不得修造不符合正统规定的祠堂庙宇，妆饰和塑造鬼神形象。

子孙处事接物，应当追求诚实质朴，不要购置轻巧精致的小玩意来取悦他人，以免滋长奢华的习气。

子孙不得与人炫耀新奇、攀比争斗，两不相让。别人有别人的奢侈，我们有我们的俭朴，我有什么好妒忌的！

秋成谷价廉平之际，籴（dí。买进粮食）五百石，别为储蓄；遇时缺食，依元价（原本的价格）粜（tiào。卖出粮食）给乡邻之困乏者。

子孙不得惑（受惑）于邪说，溺（沉迷）于淫祀（不合礼制的祭祀），以邀福于鬼神。

子孙不得修造异端（不符合正统）祠宇（祠堂，庙宇），妆塑土木形象。

子孙处事接物，当务诚朴，不可置纤巧（形容轻巧精致或小巧古雅）之物，务以悦人，以长华丽之习。

子孙不得与人眩奇斗胜（炫耀新奇，攀比争斗。眩，通“炫”），两不相下。彼以其奢，我以吾俭，吾何害（妒忌）哉！

评析

这部分依然是对子孙日常生活、待人接物上的规范。一再叮嘱子孙要谦虚谨慎，宽厚待人，特别是对乡亲邻里，更要“宁我容人，毋使人容我”。的确，古人常言“方以律己，圆以待人”。如果我们都能具备宽容的思想境界，那么生活中将会免去很多不必要的矛盾，我们的生活也能因此更加圆满通畅。另外，家训告诫子孙不得相信迷信邪说，不得随意修造祠堂庙宇，不得塑造泥塑木雕的鬼神形象，这些都有积极意义。

导读

既然我家被誉为“孝义之家”，那么言行举止务必要符合礼的要求。不得招引娼妓优伶，用歌舞技艺娱悦客人，这样做在上辜负先人的教诲，在下等于教唆子孙行不善之事。这绝不是小的过失，违者族长施以鞭罚。

成就家业，难于登天，应当将勤俭朴素作为自我约束的标准。除了酒器用银制外，不得用银另制他物，以败我家家风。

民间的世俗音乐，往往诱导人们沾染淫秽奢侈的习气，切不可让子孙去听，又去学它，违者族长鞭笞惩罚。

棋枰、双陆、词曲、虫鸟一类，都容易迷惑人的心志，荒废正事，败坏家业，子孙应当全面禁绝这

原文

既称义门，进退（指言行举止）皆务尽礼。不得引进倡优（娼妓及优伶的合称），讴（ōu。歌唱）词献技，娱宾狎客，上累祖考之嘉训（善言，有教益的话），下教子孙以不善。甚非小失，违者家长箠之。

家业之成，难于登天。当以俭素自绳（自我约束）是准（作为准则），惟酒器用银外，子孙不得别造，以败我家风。

俗乐（指世俗的音乐。与雅乐相对）之设，诲（诱导）淫长奢，切不可令子孙听，复习肄（学习。肆，通“肄”yì，学习）之，违者家长箠之。

棋枰（棋盘，棋局。代指围棋、象棋）、双陆（古代一种棋盘游戏）、词曲、虫鸟之类，皆足以蛊心惑志（迷惑人心志），废事败家，子孙当

原文

一切弃绝之。

子孙不得畜养飞鹰猎犬，专事佚游放纵游荡而无节制，亦不得恣情肆意取餍yàn。满足以败家事。违者以不孝论。

吾家既以孝义表门，所习所行，无非积善之事。子孙皆当体领会此，不得妄肆威福作威作福，图胁谋划胁迫人财，侵凌人产，以为祖宗积德之累。违者以不孝论。

子孙受人贽帛借指礼物，皆纳之公堂，后与回礼。

子孙不得无故设席，以致滥支过度开支。唯酒食是议，君子不取。

导读

类活动。

子孙不得畜养飞鹰猎犬，专求安乐游戏，也不得恣意追求满足个人欲望从而败坏家业。违者以不孝论。

我家既然以孝义标榜门庭，族人所要学的与所要做的，无非是要积福行善。子孙都应当深刻体会，不得肆意妄为作威作福，图谋他人的钱财，侵夺他人的产业，以致败坏祖宗积下的福德。违者以不孝论。

子孙收到别人给予的礼物，都应交给公堂，然后由公堂回礼。

子孙无故不得摆设宴席，以致开支过度。只从酒食是否丰盛来衡量一个人的人品，真正的君子是不会这样做的。

子弟不得私自开伙，以满足自己的口腹之欲。对违反者姑且先给予教诲，教诲后仍不知改的，则要责罚。产妇、病人不限于此。

子孙不得私造饮馔饮食，以徇xùn。顺从，顺应口腹之欲。违者姑诲之；诲之不悛，即责之。产者、病者不拘。

评析

《郑氏规范》对于子孙的生活做出了细致的规范。要求子孙举止端庄，崇尚俭朴，不得贪图私欲、玩物丧志。而这一切不仅是为了子孙不坠家风，更是为了避免他们误入歧途、毁家败业。该家训既讲原则，又在很多方面根据实际情况规定灵活，如一般家人不许自己私自开伙，产妇、病人则可以，等等。这也显示出家训的制定者对实际生活的了解透彻。只有制度合理，才能有利于遵守。

原文

凡遇生朝生日。朝 zhāo，父母舅姑存者，酒果三行；亡者则致恭祠堂，终日追慕追忆思念。

寿辰既不设筵，所有袜履，亦不可受。徒蠹白白浪费。蠹 dù，损害女工，无益于事。

家中燕飨泛指以酒食款待人。燕，同“宴”；飨 xiǎng，男女不得互相献酬敬酒，庶几有别。若家长舅姑宜馈食者不拘。

各房用度杂物，公堂总买而均给之。不可私托邻族，越分竞买超越标准竞相购买鲜华之物，以起乖争不正常的纷争。

家众有疾，当痛念之，延良医以救疗之。

导读

凡是遇到父母公婆生日，如果他们还健在，就为他们准备酒食果品三行；如果已经过世了，就到祠堂敬上供品，终日追忆思念。

寿辰既然不设筵席，所有送来的鞋袜也均不可接受。那样只不过是白白浪费女工，没有什么益处。

家中设宴款待，男女不得互相敬酒，这才是男女有别。如果是家中长辈和公婆应当敬酒献食的，则没有限制。

各房平日生活所用杂物，由公堂统一购买平均供给。不可私托邻居或者族人超越标准竞相购买鲜艳华丽之物，以引起不正常的纷争。

族人有疾病，应当痛惜挂念，及时延请良医为他治疗。

评析

这里谈的是如何纪念父母、公婆的寿辰，如何设宴等方面的礼仪规范，以及分配日常生活用品、关心患病家人等事项。父母对我们有养育之恩，因此父母生日、忌日时，应该通过适当的方式表达对父母的感恩之情。对生病家人怜惜挂念，表现出来的仍然是亲人之间质朴、珍贵的温情。郑氏家族数百年同居共财，和睦相处，正是依赖于历代家长倡导的优秀家风。

原文

居室既多，守夜当轮用已娶子弟，终夜鸣磬（qìng。古代用玉、石、金属制成的曲尺形的打击乐器，可悬挂）以达旦，仍鸣小磬，周（环绕）行居室者四次。所过之处，随手启闭门扃。务在谨严，以防偷窃。有故不在家者，次轮当者续（接替）之。

防虞（防备。虞，戒备）之事，除守夜及就外传者，别设一人，谨察风烛，埽拂（扫拂。埽 sǎo，古同"扫"，打扫）灶尘。凡可以救灾之具，常须增置，若油篮系索之属。更列水缸于房闼（tà。门，小门）之外，冬月用草结盖，以护寒冻。复于空地造屋，安置薪炭。所有辟蚊蒿（驱蚊的植物）烬（jìn。物体燃烧后馀下的灰），亦弃绝之。

导读

家中居室既多，应当派已婚子弟轮流守夜，整夜鸣磬戒备，直到天明。还要敲击小磬绕居室巡行四次。所过之处，随手关好门窗。一定要谨慎严格，以防发生偷窃。有事外出不在家的，由下次值日的接替。

为了防备发生意外，除了守夜与在外巡查的，另派一人，负责严察火烛，扫拂灶中余烬。凡是用于救灾的器具，必须经常添置替换，如油篮、绳索这类东西。另外在房门外要摆放一列水缸，冬天用草盖上，防止冻裂。还要在空地上建造房屋，专门用来储存木柴煤炭。所有驱蚊蒿草烧完的余烬，也必须一并处理干净。

在遭遇干旱时，子弟不得吝惜池塘里的水，以妨碍灌溉。

旱暵（不雨干旱。暵 hàn，干旱，干枯）之时，子弟不得吝惜陂塘（池塘）之水，以妨灌注。

评析

《郑氏规范》的这一部分主要是对家居安全以及防火防冻等方面的要求。即使是随手关闭门窗、扫拂柴灰这些小事都规定得面面俱到。居家安全涉及的事情零碎而细小，但绝对不可以忽略。俗话说“千里之堤，溃于蚁穴”，生活中某个细节的疏忽就可能酝酿出极大的祸患。这个家族长盛不衰，不能不说与管理精细有关。

原文

诸妇必须安详稳重恭敬，奉舅姑以孝，事丈夫以礼，待娣姒以和。无故不出中门，夜行以烛，无烛则止。如其淫狎荒淫，下流，即宜屏放驱逐。若有妒忌、长舌比喻爱搬弄是非者，姑诲之。诲之不悛，则责之。责之不悛，则出之。

诸妇媟言语言轻慢。媟 xiè，轻慢，污秽无耻，及干预阃外指家庭之外。阃 kǔn，门槛，内室事者，当罚拜以愧之。

诸妇初来，何可便责以吾家之礼？限半年，皆要通晓家规大意。或有不教者，罚其夫。

初来之妇，一月之外，许用便服。

诸妇服饰，毋事华靡豪华奢侈，

导读

家中妇女言行必须稳重、恭敬，供养公婆要孝顺，侍奉丈夫讲究礼节，对待妯娌要和气。无故不要出中门，夜间行走必须有烛火照明，没有烛火就不要走动。如果行为淫荡轻佻，应当赶出家门。若有嫉妒他人、喜爱搬弄是非的，姑且先对其进行训教；经过训教仍不悔改的，则给予责罚；责罚后还是不悔改的，则赶出家门。

妇女们言语啰唆、轻浮无耻，以及干预家族外部事务的，应当罚其跪拜使其感到羞愧。

妇女刚嫁过来，怎么可以一来就用我家的礼节要求她呢？限她在半年内通晓家规大意。如果没人去教导她，则处罚她的丈夫。

刚嫁过来的妇女，一个月后允许穿着便服。

媳妇的服饰，不得追求华美

奢侈，只求大方整洁。违者要受到责罚。更不允许妇女饮酒，年过五十的则不加限制。

各位媳妇的娘家，贫富各有不同，所用的器物有多有少，族长应当酌情给予，希望做到公平而没有怨言。

各家妇女主持饮食事务，每十日轮换一次，年满六十的可以免去。新婚妇女给三个月假期，三个月之后即当参与主持烹饪。在主持烹饪时，外出采买等事应向祠堂禀告，并且在聚会饮茶时听取族人对饮食的意见。找借口推托主持烹饪工作的，处罚她的丈夫。食堂所有锁匙以及器皿之类的东西，主持烹饪者依次交接。

但务雅洁。违则罚之。更不许其饮酒，年过五十者不拘。

诸妇之家，贫富不同，所用器物，或有或无，家长量度给之，庶使均而无怨。

诸妇主馈（指家中供应饮食之事），十日一轮，年至六十者免之。新娶之妇，与假三月。三月之外，即当主馈。主馈之时，外则告于祠堂，内则会茶以闻于众。托故不至者，罚其夫。膳堂所有锁匙及器皿之类，主馈者次第（依次，按照顺序）交之。

评析

《郑氏规范》的这一部分主要是对家中妇女的要求。我们今天处理家庭关系、维持家庭和睦时，“奉舅姑以孝，事丈夫以礼，待娣姒以和”等要求，依然有很强的指导意义。另外，作者要求对新媳妇进行家规教育，且给以期限，同时规定对丈夫的相关惩罚措施，这样便于督促夫妇双方，确保教育效果和良好家风的传承。

导读

家中妇女劳作时，应当聚集在一处。织布纺纱，各尽所能。这样既可以分辨妇女谁勤谁惰，而且还可以革除她们的自私之心。

主母的尊位，是为了让众人心悦诚服，决不可让侍妾做，以免乱了尊卑。

每年养蚕，主母将蚕种分发给各家妇女，让她们各自在房中饲养。到蚕种成熟时，拿到蚕屋放在蚕箔上。应当安排一名子弟值夜，以防火烛。所得蚕茧应当集中缫丝。另外要预先将各房养蚕之数记下，将缴纳的十分之一奖励给她们。

各家妇女每年生产的丝绵等

原文

诸妇工作，当聚一处。机杼指织布机。杼zhù，织布梭子纺绩把丝麻等纤维纺成纱或线，各尽所长。非但别其勤惰，且革革除其私心。

主母当家的女性之尊，欲使家众悦服，不可使侧室侍妾为之，以乱尊卑。

每岁畜蚕，主母分给蚕种与诸妇，使之在房畜饲。待成熟时，却就蚕屋上箔bó。养蚕的器具。多用竹、禾草编成，像筛子或席子。亦称蚕帘。须令子弟值宿，以防风烛。所得之茧，当聚一处抽缫既缫丝。把蚕茧浸入滚水中抽出蚕丝的工艺。缫sāo。更预先抄写各房所畜多寡之数，照什一十分之一之法赏之。

诸妇每岁所治丝绵之类，

原文

羞服长同主母称量，付诸妇共成段疋即段匹。成匹的缎子。疋pǐ，同"匹"。羞服长复著其铢两古代重量单位。二十四铢为一两于簿，主母则催督而成之。诸妇能自织造者，羞服长先用什一之法赏之，然后给散于众。

诸妇每岁公堂于九月俵散木棉，使成布匹，限以次年八月交收。通卖货物购买物品，以给一岁一年衣资之用，公堂不许侵使侵占使用。或有故意制造不佳及不登数者，则准给本房，甚者住停其衣资不给，病者不拘。有能依期登数者，照什一之法赏之，其事并系羞服长主之。

导读

产品，经过羞服长和主母称量后，交给妇女们织成绸缎布匹。羞服长再将重量记载在簿，主母负责催促监督她们完成。各家妇女中有能自己织造的，羞服长先按十分取一之法奖励，然后再将丝棉分发给大家。

公堂每年九月向各家妇女分发棉花，让她们织成布匹，上交的限期定在第二年八月。全部卖出所得的钱，用于一年的衣服费用，公堂不可挪用这笔钱款。如有人故意织得不好或者不能完成规定的数目，就按照标准抵作本房的衣服费用，情节严重的停发这一房一年的衣服费用，但身体有病的不受此限制。能够按时完成规定任务的，按照十分取一分之法奖励，此事一并由羞服长负责。

评析

这部分是对家中妇女在劳动生产方面的要求。从中可以看出，《郑氏规范》在制度设计方面非常成熟，有着完善的奖惩机制。对贡献大的妇女按照什一之法奖励，能够极大地提高参与者的积极性，真可谓深谙人性！

原文

诸妇育子，苟如果无大故特殊原因，必亲乳之。不可置乳母，以饥人之子。

诸妇育子，不得接受邻族鸡子鸡蛋彘zhì。猪胃之类，旧管日周遍给之。

诸妇之于母家，二亲存者，礼得归宁指已嫁女子回娘家看望父母；无者不许。其有庆吊庆贺与吊慰，势不可已者，但令人往。

诸妇亲姻颇多，除本房至亲关系最亲近的戚属与相见外，余并不许。可相见者，亦须子弟引导，方入中门内室和外室之间的门。见灯不许。违者会众罚其夫。主母不拘。

导读

各家妇女生育孩子，除非特殊原因，都必须亲自哺育孩子。不可雇请乳母，而使乳母的孩子遭受饥饿。

各家妇女生育孩子时，不得接受邻居赠送的鸡蛋、猪胃等物。旧管每日要供给周全。

各家妇女的娘家，如果双亲健在，按照礼节可以回娘家看望父母；如父母已经过世，则不允许回娘家。如娘家有庆贺或吊唁之类，实在不能不去的，只能派他人前往。

各房妇女亲戚很多，除了本房最亲近的亲属允许相见外，其余一律不许相见。允许相见的亲属，也必须由家中子弟引导，才可进入中门。但一到天黑掌灯，就不许相见。违者族长当众处罚其丈夫。但主母不受本条规定限制。

妇人亲族有为僧道者，不许往来。

朔望后一日，令诸生聚揖之时，直说（只讲。直，只）古《列女传》，使诸妇听之。

世人生女，往往多致淹没（没，同“殁”，死亡。这里指溺婴）。纵（即使）曰女子难嫁，荆钗布裙（荆枝制作的鬓钗，粗布制作的衣裙。形容妇女装束朴素），有何不可？诸妇违者议罚。

女子年及八岁者，不许随母到外家（指外祖父、外祖母家）。余虽至亲之家，亦不许往。违者重罚其母。

少母（庶母。父亲的妾）但可受自己子妇跪拜，其余子弟，不过长揖。诸妇亦同。有违者，监视议罚。死后忌日亦同。

各房妇女，如有出家做和尚、道士的亲属，则不许与他们往来。

每月初二、十六两日，让子弟聚会行揖之时，只讲说古代的《列女传》上记载的妇女事迹，让家中妇女接受教育。

世人如果生了女孩，往往将其溺死。就算说女孩子没有较多的嫁妆就难以出嫁，难道用普通首饰、粗衣布裙做嫁妆有什么不可以吗？家中妇女违反本条规定者将议定其罪，给予处罚。

女孩年满八岁的，不许随母亲到外祖父家去。其他的即使是至亲的亲戚家，也不许前往，违者重罚其母。

庶母只可以接受自己的子女、儿媳跪拜，其余子弟，只需长揖即可。其他妇女都一样。如果违反规定，由监视议定其过，给予处罚。庶母去世后忌日祭祀也一并如此。

原文

男女不共圊溷qīng hùn。厕所，不共湢浴浴室。湢 bì，以谨其嫌。春冬则十日一浴，夏秋不拘。

男女不亲授受授，给予；受，接受，礼之常也。诸妇不得用刀镊工理发整容的匠人剃面。

庄妇类多无识之人，最能翻斗搬弄是非。若非高明见识高深的人，鲜很少有不遭聋瞽耳聋眼瞎。此指蒙蔽。瞽 gǔ，眼睛瞎，瞎子，切不可纵其来往。岁时展贺，亦不可令入房闼。

导读

男女不得共用一个厕所，也不得共用一个浴室，这是为了避嫌。春冬时两季十天一浴，秋夏两季没有限制。

男女不可亲手递受物品，这是礼法的基本要求。家中妇女不得让理发整容的工匠刮脸修面。

乡下妇女大多是没有见识之辈，最能搬弄是非。如果不是有高明见解的人，很少有人不被她们蒙骗，切不可放任她们到家中来往。即使是贺岁之时，也不可让她们进入内室。

评析

这部分涉及的依然是对家中妇女的要求，规定极为详细具体，连春冬季节十天洗浴一次都明文规定。作者许多观点都值得称道，比如“不可置乳母，以饥人之子”，明确反对“溺婴”行为，体现了人道思想和对生命的尊重，这都是非常宝贵的思想遗产。当然，《郑氏规范》认为乡下妇女毫无见识且好搬弄是非的观点，不无偏见；严格限制年满八岁的女孩去外家和父母去世的媳妇回娘家，也是不合人情的。

历代名家点评

二百年来世推浦江郑氏雍睦之行无异词者，盖其感化之有自，防范之有作，不然何以其能行之久而不隳欤！

——〔明〕杨士奇《虞氏家范》

时富室多以罪倾宗，而郑氏数千指独完。

——《明史》

人家有法守之，尚能长久，况国乎！（朱元璋看到《郑氏规范》的感慨）

——〔明〕郑崇岳《圣恩录》

江南第一家。

——〔明〕朱元璋题词

《中华十大家训》

郑氏规范

卷二